王俊清/编著

嘻哈版 科学

电脑很生气

DIANNAO HEN SHENGQI

人类最伟大的发明

兵器工业出版社

图书在版编目(CIP)数据

电脑很生气:人类最伟大的发明／王俊清编著.—
北京:兵器工业出版社,2012.10(2018.3 重印)
(嘻哈版科学系列)
ISBN 978 - 7 - 80248 - 826 - 7

Ⅰ.①电… Ⅱ.①王… Ⅲ.①创造发明—青年读物②
创造发明—少年读物 Ⅳ.①N19 - 49

中国版本图书馆 CIP 数据核字(2012)第 239948 号

电脑很生气:人类最伟大的发明

出版发行:兵器工业出版社
封面设计:北京盛世博悦
责任编辑:许晶
总　策　划:北京辉煌鸿图文化发展有限公司
社　　　址:100089　北京市海淀区车道沟 10 号
经　　　销:各地新华书店
印　　　刷:北京一鑫印务有限责任公司
　　　　　　(北京市顺义区北务镇政府西 200 米)
开　　　本:710mm×1000mm　1/16
印　　　张:13
字　　　数:133 千字
印　　　次:2018 年 3 月第 1 版第 2 次印刷
定　　　价:29.80 元

目录

电脑很生气

Education

电脑很生气

2006 年 8 月 9 日，奥林匹克体育中心迎来了一场特殊比赛——人机大战。什么是"人机大战"呢？简单地说，人机大战就是人和计算机下象棋。而我们平时处理办公文件、上网聊天的电脑，只是一个工具，怎么可能赢得过人呢？

结局恰恰相反。此次人机博弈中，中国棋院方面派出了柳大华、张强、汪洋、徐天红、朴风波五位象棋大师的超级阵容，经过了三个小时的鏖战，浪潮天梭最终击败了大师联盟。大师队在 10 局比赛中 2 胜 5 平 3 负，最终以 9：11 的总比分负于浪潮天梭。

这是否说明电脑比人脑更聪明呢？在人机大战中，超级计算机模仿人的思考方式，有一套自己的择优算法，并通过选择"记忆"中的棋谱来与人对弈，有着人类所无法比拟的计算能力和记忆能力。而人的优势在于，能够在变幻莫测的棋局中奇招频出，有独特的创造力和判断力，这是生硬的电脑程序做不到的。

其实电脑也是人设计出来的，不管结果如何，都是人类智慧的胜利。

Education

"电脑"、"微机"和"计算机"的区别是什么呢?

"计算机"的概念最大,包括大型机、中型机、小型机以及微型计算机等。而"微机"是"微型计算机"的简称。"电脑"是人们对微型计算机的一种比喻的说法,是和人脑相对应而言的。所以,从概念上讲,"电脑"和"微机"是同一范畴的。生活中有一个有趣的现象,往往理工科的学生更多的将微型计算机称作"微机"或"计算机",而文科学生和家庭用户则更多的将微型计算机称作"电脑"。这也是和各自的学科性质有一定关系的。

电脑很生气

那是1989年世界犯罪史里记载的一件真实案件。苏联著名国际象棋冠军尼古拉·古德科夫于莫斯科挑战一台巨型电脑，比赛在一副漂亮的金属棋盘上进行。几经争夺古德科夫逐渐适应了电脑的棋路，直杀得电脑丢盔弃甲，狼狈不堪。双方整整鏖战了6天，记分牌上显示出3：0，人类大师连胜三局。

裁判示意增赛一局，给电脑一个挽回"面子"的机会。古德科夫春风得意，频频挥手向观众致意。电脑的指示灯不停闪动，似乎十分恼怒。随着开局哨声鸣响，电脑先下第一手，古德科夫看也不看，伸手去抓他的棋子……一声惨叫惊呆了场上观众，人们看到古德科夫重重地倒在金属棋盘上，身上冒出缕缕青烟。赛场一片混乱，工作人员立即切断电源。等到医生赶到时，这位苏联冠军早已毙命身亡。

风筝牵出了避雷针

1752 年 7 月的一天，天空乌云密布，一场雷雨即将来临。这时，美国科学家富兰克林正带着他的儿子放风筝。风筝是用丝绸做的，顶端竖着一根细铁丝，这根细铁丝与细麻绳相连，绳的末端系了一把铜钥匙，钥匙又插进一个莱顿瓶中（一种电容器，内外贴有锡箔的玻璃瓶）。他们走入一片空旷的空地，搭起一个暂时性的挡雨棚，在风筝升起一段时间后，一朵雷云

渐渐逼近。紧接着一阵电闪雷鸣，他注意到几条细线在云间闪烁，然后有直立的迹象，像是经由指挥一般，一个接着一个相继出现！他震慑于这个景象，立刻掏出丝绸手帕裹住麻绳，另一只手靠近系在麻绳上的钥匙，富兰克林感到手中一阵麻木，这时蓝白色的火花又向他手上袭来，"天电"被引下来了。富兰克林继续汲取着天上的火花，并将它保存在莱顿瓶中，这项创举终于完成了，他取得了货真价实的雷电。

富兰克林发现，储存了雷电的莱顿瓶可以产生一切地电所能产生的现象，这就证明了天电与地电是一样的，破除了人们对雷电的迷信。这也促使他萌发了用金属吸引雷电的念头，并因此发明了避雷针。

你知道吗？

目前大部分书刊都认为避雷针是美国学者本杰明·富兰克林最先发明的。实际上，避雷针在我国出现最早。据《谷梁传》《左传》《淮南子》等著作记载，在我国南北朝时期就出现了为防止雷击而在建筑物上安装的"避雷室"。

1688年，法国人马卡连在游历我国后，写了一部书，名叫《中国新事》，他在书中写道："……屋顶的四角都被雕饰成龙头的形状，仰着头，张着嘴。在这些怪物的舌头上有一根金属蒜子，这金属蒜子的末端一直通到地里，如果有雷打在房屋上，它就会顺着舌头跑到地里，不会产生任何危险。"

电脑很生气

安装了避雷针就能
"万无一失"吗？

很多人认为，在建筑物上安装了避雷针后就万事大吉了，其实不然。

第一，避雷针通过引下线和接地装置与大地相连，可以把雷电流泄放到大地，保护建筑物。但是，如果存在避雷针（带）不合格引下线锈断、接地电阻超标等问题，避雷针不仅难保建筑物，反而会成为"引雷烧身"的祸端。因此，防雷装置要经过专业验收和定期检测。

第二，避雷针只能减低建筑物遭直击雷危害的风险，但它对感应雷和雷电波侵入毫无办法，保护不了建筑物内的电子、电器设备，所以，建筑物必须采用全方位防雷技术，即综合防雷。

电灯点亮"不夜城"

　　灯是人类征服黑夜的一大发明。在电灯问世以前，人们普遍使用的照明工具是蜡烛、煤油灯或煤气灯。这种灯会产生浓烟和臭味，且易引起火灾，使用极不方便。

　　1878年，爱迪生开始研究电灯和输电系统。他做了1600多次的试验，仍然没有找到适合做灯丝的材料。一次，爱迪生的老朋友麦肯基来看望他。在为这位慈祥的老人送行时，他下意识地帮老人拉平身上穿的棉线外套。突然，他喊道："棉线，为什么不试试棉线呢？"麦肯基毫不犹豫地解开外套，撕下一片棉线织成的布，递给爱迪生。爱迪生费了九牛二虎之力，才把一根炭化棉线装进了灯泡。夜幕降临了，爱迪生接通电源，灯泡发出金黄色的光辉，把整个实验室照得通亮。13个月的艰苦奋斗，终于有了突破性的进展。这盏电灯足足亮了45小

时，灯丝才被烧断。这是人类第一盏有实用价值的电灯。这一天——1879 年 10 月 21 日，后来被人们定为电灯发明日。

经过进一步试验，爱迪生又发明了更为实用的钨丝灯泡，并推广开来。此后，世界各地的城市逐渐成为"不夜城"。

电灯的发明，照亮了我们夜晚的生活。

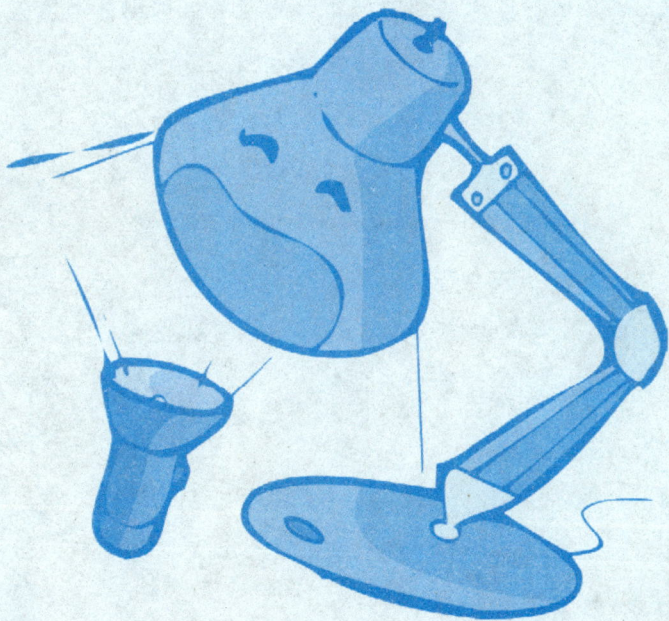

你知道吗？

中国的第一盏电灯始于哪里？

中国的第一盏电灯出现在上海。

光绪八年（1882），英国人立德尔(R.W.LITTLE)招股成立上海电气公司(亦称上海电光公司)，在大马路31号A(今南京东路190号)创办上海第一座发电厂。同时，在电厂的转角围墙内竖起第一盏弧光灯杆，并沿外滩到虹口招商局码头立杆架线，串接15盏灯。清光绪八年六月十二日（1882年7月26日）下午7时，电厂开始供电，夜幕下，弧光灯一齐发光，炫人眼目，吸引成百上千的人聚集围观。由此，宣告电灯在中国开始投入使用。

电灯的新发明

　　来自美国弗吉尼亚州的克雷·毛尔顿，发明了一种重力电灯，这种电灯依靠重力产生电力，其亮度相当于一个 12 瓦的日光灯，持续时间为 4 小时，且使用寿命长。它是一个高度约 1.21 米，由丙烯酸材料做成的柱体。这种灯具的发光原理是：灯具上的重物在缓缓落下时带动转子旋转，由旋转产生的电能将给灯具通电并使其发光。操作这种灯要比按开关麻烦，但是更显有趣，这就好比给一款古典的钟表上弦或悠然自得地冲上一杯可口的咖啡。目前，这种名为"格拉维亚"的灯具已经申请并获得了专利。

像小鸟一样飞翔

　　1903年12月17日上午10点钟，天空低云密布，寒风刺骨。莱特兄弟带着他们装有发动机的滑翔机来到一片空地上试飞。这次由奥维尔试飞，只见他爬上飞机，伏卧在驾驶位上。一会儿，发动机开始轰鸣，螺旋桨也开始转动。突然，飞机滑动起来，一下子升到3米多高，随即水平地向前飞去。飞机飞行了30米后，稳稳地着陆了。威尔伯冲上前去，激动地扑到刚从飞机里爬出来的弟弟身上，热泪盈眶地喊道："我们成功了！我们成功了！"45分钟后，威尔伯又飞了一次，飞行距离达到52米，又过了一段时间，奥维尔又一次飞行，这次飞行了59秒，距离达到255米。这是人类历史上第一次驾驶飞机飞行成功。之后不久，莱特兄弟在政府的支持下，创办了一家飞行公司，同时开办了飞行学校，从此以后，飞机成了人们又一项先进的运输工具。

　　莱特兄弟幼年时就萌发了制造飞机的愿望，经过数年的研究试验，总结失败的经验和教训，从简易的滑翔机到安装发动机的飞机，人类飞上高高蓝天的梦想终于变为现实。

你知道吗?

最早的飞行器是什么呢?

风筝是利用空气动力升空的最原始的飞行器，它的飞行原理和现代飞机的飞行原理十分相似，可以说，风筝是现代飞机的祖先。

我国在公元 4 世纪就出现了关于载人风筝的记载。葛洪是一位具有多方面才能的科学家，也是一位早期的飞行专家。他曾说："此风筝螺旋式向上飞，越飞越高，然后只需伸展两翅，不再拍打空气，就可以自行前进，这是因为它依靠强风滑行。"

快乐一读

解密"黑匣子"

一架飞机失事后，有关部门都要千方百计地去寻找飞机上落下来的"黑匣子"。因为黑匣子是判断飞行事故原因最重要及最直接的证据。它的正式名字是飞行信息记录系统。这一系统包括两套仪器：第一部分是驾驶舱话音记录器，实际上就是一个磁带录音机。从飞行开始后，它就不停地把驾驶舱内的各种声音，例如谈话、发报及其他各种声音响动全部录下来。但它只能保留停止录音前 30 分钟内的声音。第二部分是飞行数据记录器，它把飞机上的各种　　数据即时记录在磁带上。 根据它的记录，航空事故分析业　　务进展了一大步。在保障飞机安全，改进飞机设计直至促进航空技术进步各方面，黑匣子功不可没。

"木马轮"的进步

　　1790年的一个下雨天，法国人西夫拉克在街头被经过的四轮马车溅了一身泥，这一溅使他突发奇想：路这么窄，行人又那么多，为什么不可以把马车的构造改一改呢？应当把马车顺着切掉一半，四个车轮变成前后两个车轮……经过反复试验，在1791年，第一架代步的"木马轮"小车诞生了。这辆小车有前后两个木质的车轮，中间连着横梁，上面安了一条板凳，像一个玩具。

1816 年，德国的德拉伊斯在木轮车的前轮上加了一个控制方向的车把，以改变前进的方向。骑车时要用两只脚蹬踩地面，推动车子向前滚动。他把这辆车称为"可爱的小马崽"。

1840 年，英格兰的铁匠麦克米伦，弄到了一辆破旧的"可爱的小马崽"。他在后轮的车轴上装上曲柄，再用连杆把曲柄和前面的脚蹬连接起来，当骑车人踩动脚蹬，车子就会自行运动起来，向前跑去。1842 年，麦克米伦骑上这种车，一天跑了 20 千米，由于不小心，踩车的速度过快，撞倒了路上的一个小女孩，因此而被警察抓住，并处以罚款。其罪名竟然是"野蛮骑车"。

1861 年，法国的米肖父子在前轮上安装了能转动的脚蹬板，车子的鞍座架在前轮上面。他们把这辆车冠以"自行车"的雅名，并于 1867 年在巴黎博览会上展出，让观众大开眼界。

快乐一读

中国的"洋马儿"

自行车大约于1875年传入中国，自行车最初称为"洋马儿"。对中国人来说，"洋马儿"是新奇的事物。当时的刊物《点石斋画报》就好几次把外国人骑自行车当成新闻。1922年中华民国时期，末代皇帝溥仪结婚时，他的堂哥溥佳送了他一部自行车。有大臣狠狠地骂了溥佳一顿，说不应该把这危险的东西给皇帝。但溥仪没有理会大臣的反对，几天便学会了骑自行车，成为了中国历史上唯一一位会骑自行车的中国皇帝。据说，溥仪曾因为要骑自行车而把皇宫中的所有门槛都拆除了。

中国第一车的诞生

抗战时期，上海工业界的领袖人物——支秉渊和胡厥文，他们为了为前线服务，来到西岸越城岭，东接湘江的湖南祁阳，它既是通往广西、贵州的交通要冲，又是抗战时期西迁工厂的原集地，再者祁阳离长沙也不远，这更方便他们为前线服务。

这里支秉渊和胡厥文又一次携手，一个造车，一个炼钢；一个为抗战提供动力，一个为抗战制造枪炮。一段时间内，他们使祁阳的人口比战前翻了一番，因此祁阳有了"小上海"的雅称。

抗战时期，后方冶金工业非常落后，钢材供应更是不方便，条件异常艰苦。支秉渊四处奔波，多方寻找供应渠道，终于想到向铁道部门购买被日本飞机炸坏的机车的废件作为原材料。他用机车的主动轴来制造曲轴，用轮箍制造连杆，用钢轨制造

一般钢件，活塞是用废飞机的零件做成的，其他部件支秉渊到香港购买并且直接送到厂里。

在 1942 年夏天的一个夜晚，中国人自己制造的第一辆汽车诞生了。这辆汽车的传动器、变速箱及发动机和所有的零部件都是支秉渊一手制造的。

你知道吗？

世界上第一辆汽车是怎样产生的？

1769 年，法国人居纽制造了世界上第一辆蒸汽驱动三轮汽车。1879 年，德国工程师卡尔·苯茨首次试验成功一台二冲程试验性发动机。在此基础上，1885 年，他在曼海姆制成了第一辆机动汽车，并申请了专利。该车为三轮汽车，采用一台两冲程单缸汽油机，具备了现代汽车的一些基本特点，如火花点火、钢管车架、后轮驱动、前轮转向和制动手把等。这就是公认的世界上第一辆现代汽车。

快乐一读

世界四大汽车城

美国底特律有 442 万人口，91% 的人以汽车工业为主。拥有汽车 1.57 亿辆，平均每 1.5 人就有一辆。

日本丰田市有人口 28 万，其中丰田汽车公司及其子公司的人员、家属占 62%。

意大利都灵市有人口 120 万，其中 35 万人从事汽车工业，每年生产汽车占意大利总量的 75%。

德国斯图加特，世界上第一部奔驰车的诞生地，也是奔驰公司的所在地。成为汽车工业的摇篮。斯图加特市人口 60 多万，其汽车的特点是豪华，产量不多，但是利润大，其中奔驰 S 级就是世界公认的豪华车。奔驰公司一向以少而精为特色而在世界汽车市场占据了自己的一席之地。

开往春天的地铁

　　地铁是城市轨道交通系统的重要组成部分，担负着缓解交通压力、运输大量旅客的任务。如今，地铁不仅是交通工具，而且体现了现代科技和文化上的追求，成为文化的载体。地铁文化实际上是城市文化的缩影。如北京的地铁月台设计中就充分体现了古都文化的底蕴，把艺术瑰宝呈现在世人面前。上海则是把国际金融中心、现代化大都市的特色表现出来，是历史与现实的有机结合。

　　莫斯科地铁被公认为世界上最漂亮的地铁，享有"地下艺术殿堂"的美誉。莫斯科地铁的瑰丽令人惊叹，连候车的长廊也是拱形圆顶、雕梁画栋。墙壁上镶嵌着石膏画框，丰富多彩的主题造就了迥异的艺术风格。1938年建成的马雅科夫斯基

地铁站是现代派装饰，它以不锈钢金属柱构成列拱，地面铺砌大理石，大厅尽头是诗人马雅科夫斯基的半身像，该地铁站堪称 20 世纪的建筑艺术精品。此外，基辅站的富丽、共青团站的恢弘、阿尔巴特站的典雅、诺沃斯洛波德站的清幽、索科尔站的浑然，等等，使整个莫斯科地铁像一个陈列着不同风格作品的画廊。不论春夏秋冬，每天都会有几百万普通莫斯科人及世界各国的游客经过这里，来感受这深厚的历史韵味，来体味艺术给人的馨香。

富有文化魅力的地铁装满希望开往春天！

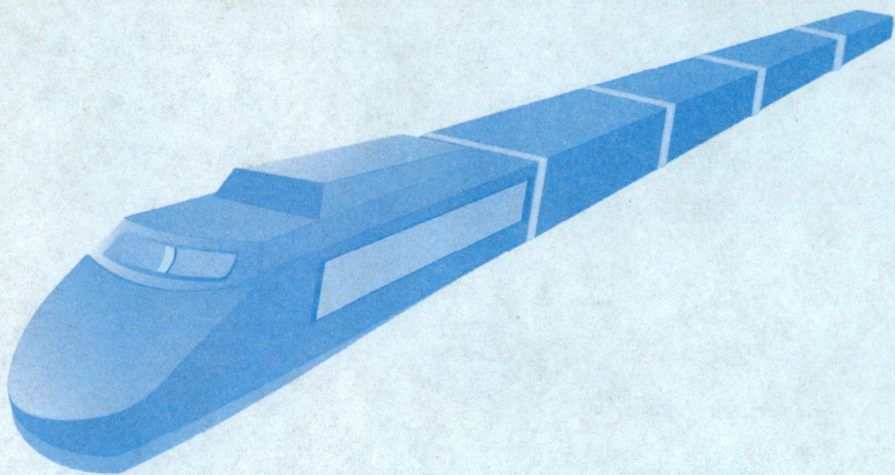

电脑很生气

你知道吗？

最早的地铁是什么时候开通的？

第一条真正称得上地铁的是 1863 年开通的伦敦"都市铁路"。它使用当时最先进的蒸汽机车带动，装有在地下运行时压缩废气的装置。这条地铁很快就获得了成功，路线不断地延长，最终成为伦敦地下交通系统的重要组成部分。蒸汽机车在地下一直运行到 1905 年。

现存最早的钻挖式地下铁路则在 1890 年开通，亦位于伦敦，连接市中心与南部地区。最初铁路的建造者计划使用类似缆车的推动方法，但最后用了电力机车，使其成为第一条电动地下铁。

地铁和轻轨的区别

首先是运送能力的不同，用高峰小时单向最大客运量来表示，地铁的高峰小时单向最大客运量为 3~7 万人次，轻轨的高峰小时单向最大客运量为 1~3 万人次。其次，还表现在车辆的轴重和尺寸的不同，地铁车的轴重普遍大于 13 吨，而轻轨车要小于 13 吨；地铁车宽度一般为 2.8~3 米，轻轨车宽度一般为 2.3—3.6 米。此外，地铁和轻轨车辆对线路转

弯半径的要求有所不同，地铁正线的最小转弯半径一般要求不小于 300 米，困难地段可不小于 250 米，而轻轨一般要求正线最小转弯半径不小于 100 米，困难地段可不小于 50 米。另外，地铁与轻轨在列车编组数量、车辆定员、最高运行速度等方面也存在区别。

快乐一读

谁动了我的壶盖?

在瓦特的故乡——格林诺克的小镇子上,家家户户都是生火烧水做饭。有一天,瓦特在厨房里看祖母做饭,灶上坐着一壶开水。开水在沸腾,壶盖啪啪地作响,不停地往上跳动。瓦特观察了好半天,猜不出是什么缘故,于是就问祖母:"是什么玩意儿使壶盖跳动呢?"

祖母回答说:"水开了,就这样。"瓦特的好奇心没有得到满足,又追问:"为什么水开了壶盖就跳动?是什么东西推动它吗?"可是祖母太忙了,没有功夫应付他,便不耐烦地说:"不知道。小孩子家怎么这么多问题呢!"瓦特在他祖母那里不但没有找到答案,反而受到了冤枉的批评,心里很不舒服。可他并不灰心。连续几天,每当做饭时,他就蹲在火炉旁边细心地观察着。起初,壶盖很安稳,隔了一会儿,水要开了,发出哗哗的响声。蓦地,壶里的水蒸气冒出来,推动壶盖跳动了。蒸汽不住地一直往上冒,壶盖也不停地跳动着,好

像里边藏着个魔术师，在变戏法似的。瓦特高兴得几乎叫出声来，他终于弄清楚了，是水蒸气推动壶盖跳动，这水蒸气的力量还真不小呢。

从此，瓦特潜心于蒸汽机的改良与研究，终于在1782年完成了新的蒸汽机的试制工作，完善的蒸汽机发明成功了。

你知道吗？

谁是"蒸汽机车之父"？

英国人乔治·斯蒂芬森1825年制造完成的"旅行"号是历史上最早运用于商业中的蒸汽机车。1825年9月27日，在世界上第一条永久性公用运输设施，英国"斯托克顿—达林顿"铁路的通车典礼上，斯蒂芬森亲自驾驶"旅行"号从伊库拉因车站出发，驶向斯托克顿。下午3点47分到达目的地，共运行了31.8千米。"旅行"号机车现陈列于达林顿车站，编号为"№1"，也就是第1号。乔治·斯蒂芬森也因此被人们尊称为"蒸汽机车之父"。

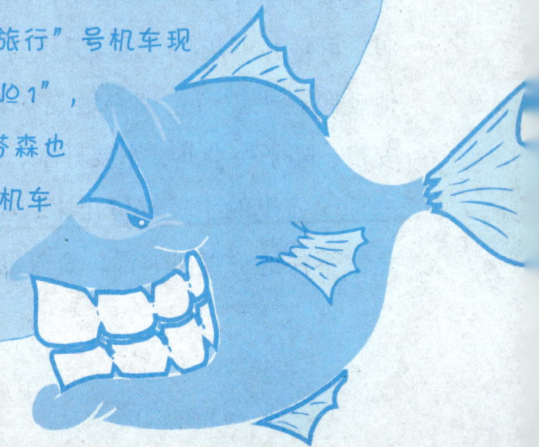

快乐一读

工业革命和瓦特蒸汽机、蒸汽机车的关系

工业革命的产生一部分原因是因为蒸汽机的改良（瓦特没有发明蒸汽机，他只是改良）。而蒸汽机车的产生也是因为蒸汽机的改良以及后人的应用而产生的。

当时英国鼓励发明，并且在人口增加需要加快生产速度之时，便开始有人努力地改进当时的生产设备，瓦特便是其中之一。而瓦特改良蒸汽机导致一系列技术革命，从而使生产方式从手工劳动向动力机器生产转变。因此蒸汽机的改良绝对是促成工业革命的原因之一。

而蒸汽机车是一种以蒸汽引擎作为动力来源的铁路机车，因此，若没有蒸汽机的改良便不可能有这项交通工具的诞生。

饥饿使他发明了高压锅

17世纪末，法国青年医生帕平因故被迫逃往国外。他沿着阿尔卑斯山艰难跋涉，打算去瑞士避难。帕平一路上风餐露宿，渴了找点山泉喝，饿了煮点土豆吃。

有一天，帕平走到一座山峰附近，他觉得饿了，于是找了一些树枝，架起篝火，又煮起土豆来。水滚开了几次，土豆依然不熟。为了肚子，他无可奈何地把没熟的土豆硬吃了下去。

几年后，帕平的生活有了转机，他找来了许多参考书，查算了山的高度。一连串的问题在帕平脑子里翻腾：物理学上的什么定律能够解释这个现象？水的沸点与大气压有什么关系？随后，他又设想：

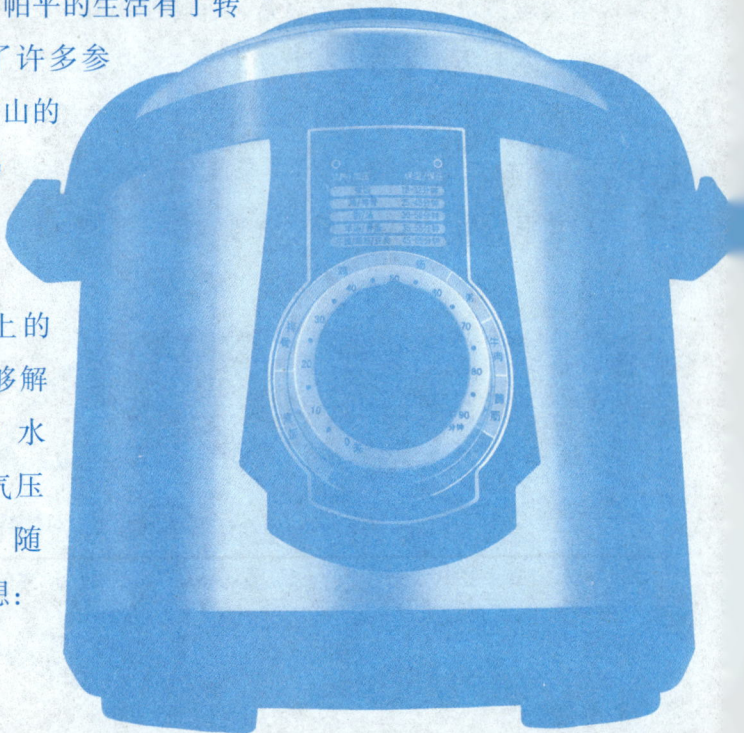

如果用人工的办法让气压加大，水的沸点就不会像在平地上只是100摄氏度，而是更高些，煮东西所花的时间或许会更少。

于是帕平自己动手做了一个密闭容器，他要利用加热的方法，让容器内的水蒸气不断增加，又不散失，使容器内的气压增大，水的沸点也越来越高。另外帕平又在锅体和锅盖之间加了一个橡皮垫，锅盖上方还钻了一个孔，这样一来，就解决了锅边漏气和锅内发声的问题。帕平把土豆放入锅内，点火，冒气，10多分钟之后，土豆就煮烂了。之后他又试验了排骨、鸡肉等，都在很短的时间里煮熟了。

从此，帕平和高压锅一起，名扬四方。

你知道吗？

高压锅的工作原理是什么呢？

高压锅的原理很简单，因为水的沸点受气压影响，气压越高，沸点越高。在气压大于1个大气压时，水就要在高于100摄氏度时才会沸腾。高压锅把水相当紧密地封闭起来，水受热蒸发产生的蒸汽不能扩散到空气中，只能保留在高压锅内，就使高压锅内部的气压高于1个大气压，也使水要在高于100摄氏度时才沸腾，这样高压锅内部就形成高温高压的环境，饭就容易很快做熟了。当然，高压锅内的压力不会没有限制，要不就成了炸弹。

高压锅使用注意事项

锅内所放食物容量不能超过锅体的五分之四，合盖要严，即锅的两个把（手柄）要重合在一起，不重合的则不能用，同时，还得检查一下排气孔是否通畅。高压锅上火烧后，见蒸汽稳定地从排气管上冒出时，要将限压阀及时扣上，限压阀上不能加压其他东西，更不能用其他东西代替限压阀，当限压阀受蒸气冲力抬起时，应减小火力，直到食物煮熟，当食物成熟离火后，要等锅冷却之后才能取阀、开盖，如尚未冷却，又急需开盖取食，可采用浇冷水强制冷却。保护好高压锅的胶圈十分重要，如使用时间长了，胶圈被压扁跑气时，可嵌入比火柴杆略粗的铝线圈（可用废电铝线制）再放入胶圈，就不会跑气了，并能延长胶圈的使用寿命。

快乐一读

我们有了"千里眼"

17 世纪初，在荷兰的米德尔堡小城，眼镜匠利珀希几乎整日在忙碌着为顾客磨镜片。在他开设的店铺里各种各样的透镜琳琅满目，以供客户配眼镜时选用。当然，丢弃的废镜片也不少，被堆放在角落里的废镜片成了利珀希三个儿子的玩具。

一天，三个孩子在阳台上玩耍，小弟弟双手各拿一块镜片靠在栏杆旁前后比划着看前方的景物，突然发现远处教堂尖顶上的风向标变得又大又近，他欣喜若狂地叫了起来，两个小哥哥争先恐后地夺下弟弟手中的镜片观看房上的瓦片、门窗、飞鸟……它们都很清晰，仿佛是近在眼前。利珀希对孩子们的叙述感到不可思议，他半信半疑地按照儿子说的那样试验，手持一块凹透镜放在眼前，把凸透镜放在前面，手持镜片轻缓平移距离，当他把两块镜片对准远处景物时，利珀希惊奇地

发现远处的事物被放大了，似乎就在眼前触手可及。

这一有趣的现象被邻居们知道了，观看后也颇感惊异。此消息一传开，米德尔堡的市民们纷纷来到店铺要求一饱眼福。1608年12月5日，荷兰政府批准了以"窥视镜"命名的这一发明的申请，人们形象地把它称为"望远镜"。

从此，人类渴望拥有"千里眼"的愿望变成了现实。

你知道吗？

最早的天文望远镜是谁发明的？

世界上最早的天文望远镜是1609年意大利科学家伽利略制造出来的，因此，又称伽利略望远镜。这是一台折射望远镜。他用一块凸透镜作物镜，一块凹透镜作目镜，因此观测到的是正像。1609年末～1610年初，伽利略在佛罗伦萨用这台划时代的天文仪器进行天体观测：发现月球表面布满了凹坑和环形山；寻找到木星有四颗卫星，像月亮绕地球转动一样；看到银河系是由无数星体组成；还观测到太阳的黑子、金星的盈亏、土星的光环等。

快乐一读

与时俱进的现代望远镜

为了揭开宇宙深处的奥秘，望远镜再创辉煌。美国在 1962 年策划了"空间望远镜"的研制。1990 年 4 月 25 日，航天飞机"发现号"将一台名为"哈勃"的空间光学望远镜发射进入太空轨道。这台空间望远镜由光学望远镜、科学仪器舱及保障系统三大部分组成，其外形呈圆柱形，长为 13.3 米，直径为 4.3 米，总重量达 12.5 吨。先进的航天技术可确保"哈勃"空间望远镜在太空中飞行 15 年。

随着当代科学技术的飞速发展，我国古代的"千里眼"传说已不再是美妙的幻想，现代天文望远镜已将神话变成现实。

磁能生电吗?

1820 年,丹麦的科学家奥斯特发现电流能够使磁针偏转这一现象。

法拉第在当时也认识到电是一种很有用的东西,他常常问自己:电转化为磁是一种感应,为什么不能有一种反感应呢?既然由电可以产生磁,又为什么不能由磁而产生电呢?

一直到了 1831 年 10 月 17 日,这是自然科学史上具有划时代意义的一天。法拉第得到一块圆柱形磁石,又把铜线绕在一个空的圆筒上,铜线的两端串接一个电流计。他拿起磁铁,慢慢地把它的一端靠近线圈,身边的电流计未见摆动,他灵机一动,便很麻利地把磁铁插入线圈里,突然指针奇迹般地摆动了一下又回到零点。他以为自己看花了眼,又急忙把磁铁从线圈中拔出来,想再试一次。不料,这一拔,奇迹又重新出现了,不过这一次指针是向相反方

向摆动的。

法拉第先后做了几十个实验，终于实现了磁向电的转化。工夫不负有心人，由磁生电的实验终于成功了！

为了使磁电为人类所用，他又制造了世界上第一台电磁感应发电机。这一部发电机是很简陋的，但它却是日后复杂发电机的始祖。

你知道吗？

最具发展前景的发电机是什么呢？

目前最具发展前景的是风力发电机。

风能作为一种请洁的可再生能源，越来越受到世界各国的重视。随着全球经济的发展，风能市场也迅速发展起来。2007年全球风能装机总量为9万兆瓦，2008年全球风电增长28.8%，2008年底全球累计风电装机容量已超过了12.08万兆瓦，相当于减排1.58亿吨二氧化碳。随着技术进步和环保事业的发展，风能发电在商业上将完全可以与燃煤发电竞争。

快乐一读

发电机的种类

利用水利资源和水轮机配合，可以制成水轮发电机；由于水库容量和水头落差高低不同，可以制成容量和转速各异的水轮发电机。利用煤、石油等资源，和锅炉、涡轮蒸汽机配合，可以制成汽轮发电机，这种发电机多为高速电机。此外还有利用风能、原子能、地热、潮汐等能量的各类发电机。利用柴油、汽油等资源作为能源的柴油、汽油发电机用得比较广泛。此外，由于发电机工作原理不同又分为直流发电机，异步发电机和同步发电机。目前在广泛使用的大型发电机都是同步发电机。

怎样给化学元素排队

1860 年，门捷列夫在为著作《化学原理》一书考虑写作计划时，深为无机化学缺乏系统性所困扰。于是，他开始搜集每一个已知元素的性质资料和有关数据，把前人在实践中所得成果，凡能找到的都收集在一起。人类关于元素问题的长期实践和认识活动，为他提供了丰富的材料。他在研究前人所得成果的基础上，发现一些元素除有特性之外还有共性。例如，碱

金属元素锂、钠、钾暴露在空气中时，都很快就被氧化，因此都是只能以化合物形式存在于自然界中；有的金属如铜、银、金都能长久保持在空气中而不被腐蚀，正因为如此它们被称为贵金属。

于是，门捷列夫开始试着排列这些元素。他把每个元素都建立了一张长方形纸板卡片。在每一块长方形纸板上写上了元素符号、原子量、元素性质及其化合物，然后把它们钉在实验室的墙上排了又排。经过了一系列的排队以后，他发现了元素化学性质的规律性。

同时，他又走出实验室，开始出外考察和整理收集资料。1862年，他对巴库油田进行了考察，对液体进行了深入研究，重测了一些元素的原子量。1867年，他参观和考察了法国、德国、比利时的许多化工厂、实验室，大开眼界，丰富了知识。

1869年，在大量的实践和科研基础上，门捷列夫发表了元素周期律。他把化学元素从杂乱无章的迷宫中分门别类地排好了队。

你知道吗？

元素是指什么呢？

元素又称化学元素，指自然界中一百多种基本的金属和非金属物质。古希腊人认为宇宙万物由水、火、土、气组成，称为"四元素说"。火元素、气元素两种轻元素会向上飘，土元素、水元素两种重元素会向下沉，四种元素按一定的比例组成各种物体。在古代中国，也有相似的观点，我们的祖先认为宇宙万物由木、火、土、金、水组成，称为"五行说"。拥有"五行说"的同时，中国同样拥有"地水火风"的观点，两者并行不悖。

快乐一读

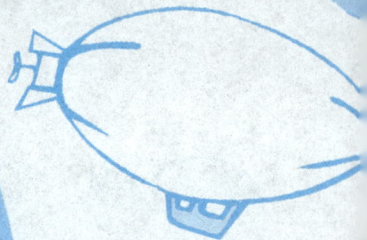

元素周期律趣味口诀

第一周期：氢氦——侵害

第二周期：锂铍硼碳氮氧氟氖——鲤皮捧碳蛋养福奶

第三周期：钠镁铝硅磷硫氯氩——那美女桂林留绿牙

第四周期：钾钙钪钛钒铬锰——嫁改康太反革命

铁钴镍铜锌镓锗——铁姑捏痛新嫁者

砷硒溴氪——生气休克

第五周期：铷锶钇锆铌——如此一告你

钼锝钌——不得了

铑钯银镉铟锡锑——老把银哥印西堤

碲碘氙——地点仙

第六周期：铯钡镧铪——（彩）色贝（壳）蓝（色）河

钽钨铼锇——但（见）乌（鸦）（引）来鹅

铱铂金汞砣铅——一白巾供它牵

铋钋砹氡——必不爱冬（天）

第七周期：钫镭锕——很简单了，就是——防雷啊！

妻子的缝纫机

　　伊莱亚斯出生于美国一个贫寒的家庭。他少年时就到面粉厂打杂，通过自学掌握了很多机械原理知识和操作技能，后来应聘到一家机械销售店当店员。

　　伊莱亚斯有一位深爱他的妻子，他们的生活虽然艰苦，但是夫妻感情很好，恩恩爱爱，相敬如宾。妻子很能干，除了白天在工厂打工以外，晚上还要帮人家缝补衣服，以补贴家用。夜深了，伊莱亚斯每天都心疼地看着妻子一针一线地缝补，心中生出愧疚之情。他突发奇想，如果能有一种机器可以代替人

缝补衣服就好了。这个想法藏在伊莱亚斯心里，竟成了一块心病，他常常默默地思考如何入手，以至于常常失眠。

在伊莱亚斯打工的店里，经常来往一些哈佛大学的教授。一天，伊莱亚斯无意中听到两名教授的谈话。他们谈到正打算研制缝衣服的机器，觉得最难的地方恐怕就在针尖和机器的结合上了。他们的话给了伊莱亚斯很大的启发，他顺着教授们的思路想下去，觉得织布机上的飞梭设计很合理，如果把有孔的针尖和梭子结合起来，不就能解决这个问题了吗？

经过几年的刻苦钻研，伊莱亚斯终于在 1845 年发明了一台曲线锁式缝纫机，它的缝纫速度为每分钟 300 针，是人力永远无法企及的。第一台现代缝纫机诞生了。

你知道吗?

缝纫机有哪些分类呢?

按照缝纫机的用途,可分为家用缝纫机、工业用缝纫机和位于二者之间的服务性行业用缝纫机;按驱动方式可分为手摇、脚踏及电动缝纫机。

家用缝纫机在初期时,基本上都为单针、手摇式缝纫机,后来发明了电驱动的缝纫机,一直成为市场上的主流。工业用缝纫机中的大部分都属于通用缝纫机,其中包括平缝机、链缝机、包缝机及绷缝机等,而平缝机的使用率最高。

快乐一读

缝纫机在中国

中国在 19 世纪末已经有了缝纫机，开始是通过赠送方式舶来的。20 世纪上半叶是缝纫机在我国的萌芽时期，当时上海、天津、广州、苏州、青岛等地都相继开设了一些缝纫机商行，主要以服务为主，提供维修和配件。

20 世纪下半叶，是我国缝纫机的发展时期。时至 1982 年，我国缝纫机的年产量达到 1286 万台，成为当时世界家用缝纫机最大的生产国。在自给自足的消费理念倡导下，缝纫机成为当时中国人结婚必备的"三大件"之一，风靡一时，家庭普及率一度超过 50%。

永不消逝的电波

在古代信息传递的速度是很慢的，一封书信从南边送达北面，最快也要几个月的时间。所以电报机的发明对人类的影响是十分巨大的。电磁波以每秒30万千米的光速来传递信息，让人类真正做到了"天涯咫尺"。

而这样一项伟大的电磁装置的发明者，竟然是一位画家！他就是美国画家塞缪尔·莫尔斯。1832年，莫尔斯在法国学了3年绘画后坐轮船返回祖国。一位美国医生杰克逊向旅客们展示了一种叫"电磁铁"的新器件并讲述电磁铁原理。杰克逊的讲解使莫尔斯产生了遐想：既然电流可以瞬息通过导线，那能不能用电流来进行远距离传递信息呢？莫尔斯为自己的想法兴奋不已，从此以后，他毅然改行投身于电学研究领域。

莫尔斯虚心求教，专心攻读电磁学知识，一门心思地进行电报装置的制作。在他的画册上，再也见不到写生画和肖像画，见到的只是各种各样的电报设计方案和草图。经过几年的研究和探索，他终于制造出一台电报机。

1844年5月24日，在华盛顿国会大厦联邦最高法院会议厅里，进行电报发收试验。年过半百的莫尔斯兴奋地向助手发

出人类历史上的第一份电报。他的助手很快收到那份只有一句话的电报："上帝创造了何等的奇迹！"

你知道吗？

莫尔斯电码指的是什么？

莫尔斯在发明电报机时为每一个英文字母和阿拉伯数字设计出代表符号，这些代表符号由不同的点、横线和空白组成。这是电信史上最早的编码，后人称它为"莫尔斯电码"。这种电码只用电平的高低来表示两种状态，再通过电平高低的不同组合来表示信息，这样的编码方式最不容易受到干扰，而且容易用电路实现。因此在通信技术高度发达的今天，以莫尔斯电码为编码的等伏播报还在军事、防讯等应急通信中大量使用。

快乐一读

中国最早的汉字电码

由于汉字由许多部首组成，结构复杂，字型繁多，因此拍电码采用由四个阿拉伯数字代表一个汉字的方法，简称"四码电报"。中国汉字多达6万字，常用的汉字只有一万个，所以用10的4次方来表示（"四码电报"的来历）。

1873年，法国驻华人员威基杰参照《康熙字典》的部首排列方法，挑选了常用汉字6800多个，编成了第一部汉字电码本，后来由我国的郑观应将其改编成为《中国电报新编》。这是中国最早的汉字电码本。

为爱而生的打字机

　　美国人肖尔斯在一家烟厂工作，他有一位在公司当秘书的妻子。由于妻子工作忙，经常将做不完的工作带回家，连夜赶写材料，非常辛苦。肖尔斯怕把爱妻累坏了，只好帮助她抄写，有时写到深夜，两人往往都写得手臂酸疼。于是，肖尔斯开始有了发明打字机的想法。

　　研究打字机是一件异常困难的事情。打字机字臂的设计使肖尔斯伤透了脑筋。因为字键与字印之间不宜距离太远，字臂不能太长，否则既复杂而又不实用。可是字臂太短，又不能运用自如。因此，他的创造陷入停滞阶段。

　　有一天深夜，肖尔斯工作得累了，到院子里去散步，回到屋里想重新工作时，一抬头，看到他太太弯着背写字的侧影。就在这一瞥之下，肖尔斯内心深处激起一阵轻微的颤动：灯下那个美丽的影子，是多么感人的一幅画面！他觉得坐在那里的不再是他太太，而是他苦思冥想的打

字机型式。如果把他太太的头当作字键，弯曲的臂当作字臂，这种结构不是很理想的设计吗？

他兴奋地跳了起来，和妻子分享成功的喜悦。根据新产生的灵感，肖尔斯继续改进打字机的构造。经过四年的努力，终于在 1867 年冬天发明出世界上第一台实用打字机。

你知道吗？

第一台实用中文打字机是什么时候出现的？

1926 年，在美国费城世博会上，商务印书馆的中文打字机一举夺得乙等荣誉奖章。这是商务印书馆工程师舒震东在前人的研究基础上，经过创新试制成功的中国第一台有实用价值的中文打字机。

1916 年，舒震东毕业于"同济医工学堂"（同济大学前身）首批机电班，不久后进入商务印书馆任职。虽然商务印书馆当时留美回国的周厚坤发明了中国第一架铅版中文打字机，但还是不够完善，难以投产。1919 年，舒震东在此基础上进行大胆创新，终于成功试制中国第一台实用中文打字机，被誉为"舒式打字机"。

快乐一读

新型打字机的发展前景

一家公司生产出一种新型高效率打字机。该公司宣称，这种打字机工艺先进，重要的是在技术上有重大革新，是市场上最先进、效率最高的打字机，将开创打字效率的新时代。为此，它发起了一场推销打字机的运动。然而，在推销过程中，这种打字机却遭到其使用人员的坚决抵制，从而导致这家企业推销活动的失败，最后不得不停止生产这种打字机。性能优越、工艺先进的打字机却不能马上打入市场，为什么会出现这种情况呢？经过了解他们发现：使用这种性能全新的新型打字机，需要使用打字机的人完全改变他们所熟悉的工作方法。由此我们可以看到，新型打字机要想获得成功，就必须让打字员放弃、改换过去的习惯。

让光线为我们照相

法国画家达盖尔从小就展现出了惊人的绘画天赋，尤其是画人物肖像，更是惟妙惟肖。达盖尔流传下来的画有上百幅之多，许多作品被世界著名的美术馆和私人收藏。小达盖尔经常被镇上的居民邀去画像。

画一幅逼真的肖像画要花去这位天才小画家不少的时间和精力。"有没有一种方法可以很快成像呢？"达盖尔一天累下来，经常这样问自己。很长一段时间里，他都在思考着怎样才能在极短的时间里画成一幅画。

法国人尼埃普斯在 1826 年拍出了世界上第一张永久性照片，但是这种照片需要曝光的时间长达 8 个小时，而且过了一段时间以后，照片会变暗、模糊，不能用于长期保存。达盖尔听到这个消息之后，开始思考在此技术的基础上能否设计

出一种曝光时间短的照相技术。

　　但是，通往成功的道路总是极为漫长的，必须付出艰辛的劳动。经过长达 10 年的不懈努力，1839 年 8 月 19 日，达盖尔终于制造出了第一台可携式木箱照相机。它是由两个木箱组成，把一个木箱插入另一个木箱中进行调焦，用镜头盖作为快门，来控制长达三十分钟的曝光时间，能拍摄出清晰的图像。

你知道吗？

照相机的发展经历了哪三个阶段？

　　1839~1924 年是照相机发展的第一阶段，立体成像技术、彩色成像技术等得到应用，同时还出现了一些新颖的钮扣形、手枪形等形状的照相机。

　　1925~1938 年为照相机发展的第二阶段。这段时间内，德国的莱兹、罗莱等公司研制生产出了小体积、铝合金机身等双镜头及单镜头反光照相机。

　　1939 年之后为照相机发展的第三个阶段。照相机出现了计数器自动复零、反光镜自动复位、半自动和全自动收缩光圈等结构。照相机的质量和产量开始飞速发展。

快乐一读

照相机的发明

我们的古人前赴后继地在研究针孔成像原理，也就是照相机原理。当世界发明了照相机，就很快能掌握、使用照相机，1903 年清朝皇宫里裕勋龄就给慈禧拍过照、当然也给皇帝、太后等其他皇亲国戚拍过照，有些照片虽过了 100 多年，至今在收藏品市场流传还很广，当然这些是翻拍的"老照片"。这些是清皇朝皇亲国戚们最早玩的相机，而老百姓当然是见所未见，闻所未闻，见了望远镜还叫千里眼，当然玩不上照相机了。但京、津、沪、宁、杭等口岸城市洋人一到达，就开起了照像馆、写真馆。摄影术传入中国是法国公布达盖尔摄影术的第二年（1840）、鸦片战争起，随着传教、经商、办医、军事侵略等多种途径传入中国的。1844 年，两广总督兼五口通商大臣耆英在澳门与法国进行商谈时，作为礼仪曾向英、美、意、葡四国官员赠送他的肖像照片。

医生之笛——听诊器

1816 年的一天，著名医生雷奈克驱车来到法国巴黎一个豪华的住宅里，给一位尊贵的小姐看病。雷奈克在听完病人的病情介绍后，怀疑她患的是心脏病。雷奈克心想，要是能听一下小姐的心跳声音就好了。但病人是一位年轻的贵族小姐，直接用耳朵听显然不合适。

雷奈克苦苦地思索着，忽然在他的脑海里浮现出孩子们的游戏，一个儿童轻敲圆木的一端，另一个儿童在圆木的另一端倾听。于是他拿来一张厚纸，将其紧紧地卷成一个圆筒状，并把纸圆筒的一头贴在病人的胸部，另一头贴在自己的耳朵上。令他惊奇的是，他听到了以前从未听到过的心脏清晰的搏动声。

当然，一个纸做的圆筒毕竟还算不上科学仪器，雷奈克决

心对纸筒进行改进。经过反复的试验，他做成了一个细长的空心木管，两端各有一个喇叭形的听筒，这就是雷奈克发明的最早的"听诊器"。这个听诊器的形状很像一个笛子，所以人们就叫它"医生之笛"。雷奈克描述了自己在病人胸部听到的所有声音，并将许多声音与各种疾病联系起来。

听诊器的发明，对医学的发展起到了决定性作用。

你知道吗？

听诊器的原理是什么呢？

物体发出的声音通过物质间相互振动传导进入人耳中的鼓膜，并转化为脑电流，人就"听"到了声音。人体内部的声音如心跳声、肠鸣音甚至血液流动的声音很难让人"听"到，因为这些声音的音频过低或音量太小，或被嘈杂的环境遮蔽了。听诊器的原理就是物质间的振动传导由听诊器中的铝膜，而单非空气，改变了声音的频率、波长，使它们达到了人耳"舒适"的范围，同时遮蔽了其他声音，使人能够"听"得更清楚。

快乐一读

正确佩戴听诊器的方法

听诊器的设计符合人体耳道的角度和结构原理。它能与听者的耳道舒适地密合，不会让人感到疲劳及不适。在把耳管戴上之前，需要将听诊器的耳管向外拉，金属耳管应向前倾斜，将耳管戴入外耳道，使耳塞与耳道紧密闭合。每个人的耳道大小都不一样，因此可选择大小适当的耳塞。如果佩带方法正确，但耳塞和耳道密合度不佳，听诊效果也不好，这时需要将耳管外拉以调整其弹性。不当的佩戴方法，耳塞与耳道不密合时会造成听诊效果不佳。例如耳管戴反时，会听不见任何声音。

今天你说谎了吗?

谎言随处都存在,时时刻刻伴随我们左右,特别是犯罪分子的谎言给我们的社会秩序带来严重后果。破解谎言也是我们人类任重道远的一项科学研究。随着首台测谎仪的诞生,我们终于向前迈了一大步。

美国橡树岭实验室以研制核武器而著名。这个实验室从成立之时就定期对职员进行测谎,后来负责人认为这一技术侵犯人权便中止了测谎。之后的十几年间,橡树岭实验室先后丢失了 1780 余磅制造原子弹的核材料,这些丢失的材料足以造出 85 枚原子弹。在此情况下,测谎在橡树岭实验室被重新恢复。在对 400 名职员进行测谎后,一些泄密者和偷窃者陆续被发现,测谎仪还帮助他们找到了一名前苏联情报机关"克格勃"的间谍。

测谎仪是"多参量心理测试仪"的俗称,它是一种心理测试仪器,工作原理是人在说谎时会不由自主地产生一定的心理压力,而这种心理压力又会引起一系列的生理反应,如心跳加快、血压升高、手掌出汗、体温微升、肌肉微颤、呼吸速度和容量略见异常等,由于这些生理反应是受人体植物神经系统控制的,所以人的主观意志很难改变。

测谎技术就是指根据实际案情，用事先编好的题目向被测试人提问，使其形成心理刺激，再由仪器记录被测试人的有关生理反应，通过对其生理反应峰值数据的分析，了解被测试人对所提问题"是与否"的对应关系。

你知道吗？

HELP!

测谎仪是怎样产生的？

第一个尝试利用科学仪器"测谎"的人，是意大利犯罪学家隆布罗索。1895年，他研制出一种"水力脉搏记录仪"，通过记录脉搏和血压的变化判断嫌疑人是否与此案有关，而且成功侦破了几起案件。1921年，一位名叫约翰·拉森的美国警察发明了一种用多种波动描记器在滚筒纸上分别记录几个测量结果的方法，这是后来测谎仪的先驱。1935年，伦纳德·基勒用一种与之类似的波动描记器评估证词，并首次被法庭承认。

测谎仪的功绩

测谎，是对谎言的鉴别活动。"测谎"一词，是由"测谎仪"（LIE DETECTOR）而来。"测谎仪"的原文是POLUGRAPH，直译为"多项记录仪"，是一种记录多项生理反应的仪器，可以在犯罪调查中用来协助侦讯，以了解受询问的嫌疑人的心理状况，从而判断其是否涉及刑案。由于真正的犯罪嫌疑人此时大都会否认涉案而说谎，故俗称为"测谎"。准确地讲，"测谎"不是测"谎言"本身，而是测心理所受刺激引起的生理参量的变化。所以"测谎"应科学而准确地叫做"多参量心理测试"，"测谎仪"应叫做"多参量心理测试仪"。

青蛙的肌肉可以储存电流吗?

  1780 年，意大利物理学家伽伐尼在解剖青蛙时，两手分别拿着不同的金属器械，无意中同时碰在青蛙的大腿上，青蛙腿部的肌肉立刻抽搐了一下，仿佛受到电流的刺激。因此他认为动物肌肉里贮存着电，可以用金属接触肌肉把电引出来。在此启发下，伏特于 1792 年开始研究"动物电"及相关效应。他通过大量实验，证明伽伐尼的"动物电"之说并不正确。青蛙的肌肉之所以能产生电流，大概是肌肉中某种液体在起作用。为了论证自己的观点，他以不同的金属联成环接触青蛙的腿及其背，从而成功地使活的青蛙痉挛。这就证实了"动物电"是产生于两种不同金属的接触。

  1799 年，伏特把一块锌板和一块银板浸在盐水里，发现连接两块金属的导线中有电流通过。于是，他就把许多锌片与银片之间垫上浸透盐水的绒布或纸片，平叠起来。用手触摸两端时，会感到强烈的电流刺激。伏特用这种方法成

功地制成了世界上第一个电池——伏特电堆。这个"伏特电堆"实际上就是串联的电池组。它成为早期电学实验，电报机的电力来源。

人们为了纪念这位最先为人类提供稳定电流的科学家伏特，将电压的单位以他的姓氏命名为"伏特"，简称"伏"。

你知道吗？

废电池是怎样污染环境的？

废电池内含有大量的重金属以及废酸、废碱等电解质溶液。如果随意丢弃腐败的电池会破坏我们的水源，侵蚀我们赖以生存的庄稼和土地，我们的生存环境面临着巨大的威胁。如果一节一号电池在地里腐烂，它的有毒物质能使一平方米的土地失去使用价值；把一粒纽扣电池扔进水里，它其中所含的有毒物质会造成60万升水体的污染，相当于一个人一生的用水量。

废旧电池中含有镉、铅、汞、镍、锌、锰等重金属，其中镉、铅、汞是对人体危害较大的物质。

快乐一读

废电池的回收

国外一些发达国家在回收处理废电池方面已经进行了一系列积极的探索，并积累了不少好的经验。

美国、日本、欧盟等地区未把群众日常生活使用的普通干电池作为危险废物对待，也没有强制单独收集处理普通干电池的法律。少数发达国家的电池（子）工业协会、个别城市曾经组织过普通干电池收集活动，现在开展这类活动的地方已经很少了。日本、瑞士各有一个废电池再利用工厂，原来主要处理含汞普通废电池，现在则主要处理可充电电池。由于废电池总量较小，设施的生产能力有一部分闲置。德国把收集上来的废电池放置在废弃的矿坑中。

我为橡胶散家财

橡胶工业为人类创造了难以计算的财富和利益，但是，它的开创者古德伊尔却因此而负债累累，屡次下狱，极端贫困。

古德伊尔出生在美国康涅狄格州的纽黑文市，他30岁前曾帮助父亲经营五金业，后来破产，于是他改行制作和改良橡胶产品。古德伊尔用生橡胶制作的橡胶高筒靴在冬季非常好用，可是一到夏季便发粘变皱。于是他不顾家计，只身出走纽约，决心改进橡胶质量。

1839年2月，古德伊尔将橡胶和硫磺与松节油混融在一起，将其倒入带把的锅内，边拿着锅边和朋友交谈，突然锅从手中脱落，锅中的混合物即掉在烧得通红的炉子上，这一块橡胶本应受热后熔化，却保持原态而烧焦。古德伊尔从中得到启发，他认为：这种烧焦的过程，如果在适当的时候能予以制止的话，那一定会形成不粘的橡胶混合物。

古德伊尔反复进行了多次试验，对掺入橡胶的比例，加热到多少温度，何时停止加热等具体方法都搞得一清二楚，终于找到了最佳性质的橡胶。他就这样确立了橡胶加硫的新方法。

然而就在这年冬天，古德伊尔一家缺吃少穿，幸好一位朋友的善心帮助，才又一次摆脱了困境。橡胶加硫法的发明并未给古德伊尔带来巨额财富，他在1860年去世时，仍然有20万美元的债务没还清。

你知道吗？

雨衣是怎样发明的呢？

1823年，英国人马辛托斯到一家制橡皮擦的工厂做工。有一天，在马辛托斯回家的路上，忽然下起大雨来。倾盆大雨将马辛托斯淋成了一个"落汤鸡"。回到家，他赶紧更换衣服。就在这时他发现，被橡胶汁浇过的前襟，竟然没有被雨水湿透。这真是一个意外的发现。

于是他像印第安人一样把白色浓稠的橡胶液体涂抹在布上，制成防雨布，并缝制了防水斗篷。世界上最早的雨衣诞生了。

橡胶的特殊性能

特种型橡胶指具有某些特殊性能的橡胶。主要有：①氯丁橡胶。具有良好的综合性能，耐油、耐燃、耐氧化和耐臭氧。②丁腈橡胶。简称 NBR，由丁二烯和丙烯腈共聚制得。耐油、耐老化性能好，可在 120 摄氏度的空气中或在 150 摄氏度的油中长期使用。③硅橡胶。主要由硅氧原子交替组成，在硅原子上带有有机基团。④氟橡胶。分子结构中含有氟原子的合成橡胶。通常以共聚物中含氟单元的氟原子数目来表示，如氟橡胶 23，是偏二氟乙烯同三氟氯乙烯的共聚物。⑤聚硫橡胶。由二卤代烷与碱金属或碱土金属的多硫化物缩聚而成。有优异的耐油和耐溶剂性，但强度不高，耐老化性、加工性不好，有臭味，多与丁腈橡胶并用。

成也柴油，败也柴油

19 世纪 90 年代，狄赛尔试图设计出一种效率为 100%、能够把消耗的所有能量都转化为工作动力的发动机。他尝试过包括煤、植物油在内的各种低成本燃料，最后决定使用柴油。柴油相对于汽油来说性质比较稳定，这种特性恰恰适合于压燃式内燃机，在压缩比非常高的情况下柴油也不会出现爆震，这正是狄赛尔所需要的。

经过近 20 年的潜心研究，狄赛尔终于在 1892 年试制成了第一台压燃式内燃机，也就是柴油机。

柴油机的最大特点是省油，热效率高。1894 年，狄赛尔改进了柴油机并迫不及待地把它投入了商业生产。这位只了解技术并不了解商业运作的发明家犯下了一生中最大的一次错误，他急于推向市场的 20 台柴油机由于技术不过

关，纷纷遭到了退货，这不但给他带来了巨大的经济负担，更重要的是影响了柴油机在公众中的印象，在随后的几年里几乎没有厂家或个人乐意装配柴油机。没有了资金来源又负债累累，这就使得狄赛尔的晚年陷入了极端贫困。

1913 年 10 月 29 日，55 岁的狄赛尔独自一人呆站在横渡英吉利海峡的轮船甲板上，被巨浪卷入了大海。

你知道吗？

柴油机是怎样工作的呢？

柴油机的工作是由进气、压缩、燃烧膨胀和排气这四个过程来完成的，这四个过程构成了一个工作循环。

柴油在气缸内燃烧是一个复杂的物理—化学变化过程，燃烧过程的完善程度，直接影响着柴油机的作功能力、热效率和使用期限，其燃烧过程划分为四个阶段：燃烧准备阶段（滞燃期）、速燃阶段、主燃阶段（缓燃期）、过后燃烧阶段。

快乐一读

汽油机和柴油机的区别

汽油机是点燃式的，燃料在汽缸内靠电火花塞点燃；而柴油机是压燃式的，燃料依靠汽缸内空气压缩产生的热量引燃，也就是空气压缩会升高温度，当压缩空气的温度高于柴油的燃点时柴油就会燃烧。

汽油机的汽缸压缩比较低，通常在10以下，而柴油机的汽缸压缩比较高，一般都在14以上。

汽油机震动小、转速高，适用于轿车和轻型车辆，而柴油机功率大，经济性能好，适用于卡车和大型客车。由于柴油较汽油廉价，而且柴油机动力强劲，目前越来越多的车辆使用柴油机，出现了柴油轿车。

垃圾堆里挖出了
"电视机"

1906 年，不到 20 岁的贝尔德在英格兰西南部的黑斯廷斯，建造了一个简陋的实验室。但他没有实验经费，只好用一只盥洗盆做框架。他把它和一只破茶叶箱相连，箱上安装了一只从废物堆里捡来的电动机，它可以转动一个用马粪纸做成的四周戳有小洞洞的"扫描圆盆"。实验室里还有装在旧饼干箱里的

投影灯、几块透镜及从报废的军用电视机上拆下来的部件等等。这一切凌乱的东西被贝尔德用胶水、细绳及电线串连在一起，成了他发明电视机的实验装置。贝尔德知道电视机的原理：把要发送的场景分成许多小点儿，暗的或明的，再以电信号的形式发送出去，最后在接收的一端让它重现出来。

　　贝尔德在他破旧的实验室里年复一年地试验，他的实验装置被装了又拆，拆了又装。经过18年的努力，1924年春天，贝尔德成功地发射了一朵十字花。但发射的距离只有3米，图像也忽有忽无，只是一个轮廓。

　　贝尔德没有气馁，继续潜心研究。成功的日子终于来到了。1925年10月2日清晨，终日陪伴他的木偶头像"比尔"的脸部特征被清晰地显现在接收机上了。

　　贝尔德终于震惊英国，资助他的人纷纷涌来。贝尔德更新了设备，开始了更大规模的试验。

快乐一读

数字电视

数字电视是指电视信号的处理、传输、发射和接收过程中使用数字信号的电视系统或电视设备。数字电视具有图像质量高、节目容量大和伴音效果好的特点。从人眼的视觉效果上看，数字电视分为以下三种：数字高清晰度电视，简称HDTV，采用符合人眼视觉生理特点的16：9的屏幕长宽比；数字标准清晰度电视，是一种普及型数字电视机；数字低清晰度电视，是一种VCD档级的数字电视。

数字信号的传播速率是每秒19.39兆字节，如此大的数据流的传递保证了数字电视的高清晰度，克服了模拟电视的先天不足。

你能听到我讲话吗?

"你能听到我讲话吗?"

"是的!"

我们能隔着千山万水听到对方讲话,多亏了亚历山大·贝尔发明的电话。

1869年,22岁的贝尔受聘为美国波士顿大学语言学教授,担任声学讲座的主讲。当时无数科学家试图直接用电流传递语音,贝尔也把发明电话作为自己义不容辞的责任。

一天,贝尔正在实验室中研究聋哑人用的一种"可视语言",一个有趣现象引起他的极大注意。他发现在电流导通和截止

时，螺旋线圈发出的声音好像发送电码的"滴答"声一样。这一发现使他大胆设想：如果使电流强度的变化模拟出声波的变化，那么电流传送语音就能实现了。于是贝尔请教当时的电学专家亨利，并自学了电学知识，继续开展研究。

1876 年 6 月 2 日晚，连续奋战几天几夜的贝尔和他的助手沃森特，对实验装置做完最后一次检查，然后他俩分别关在相隔一定距离的两间屋子里。突然沃森特听到有人讲："沃森特先生，快来呀！我需要你！"原来贝尔在操作时，不小心把硫酸溅到脚上，由于疼痛，他情不自禁地对着话筒喊，这竟成了人类用电话机传送的第一句话。沃森特听到后，惊喜万分地回答："贝尔！贝尔！我听见了！听见了！"

世界上第一台实用的电话机终于诞生了！

你知道吗？

电话的工作原理是什么？

电话通信是通过声能与电能相互转换、并利用"电"这个媒介来传输语言的一种通信技术。当发话者拿起电话机对着送话器讲话时，声带的振动激励空气振动，形成声波。声波作用于送话器上，使之产生电流，称为话音电流。话音电流沿着线路传送到对方电话机的受话器内。而受话器把电流转化为声波，通过空气传至对方的耳朵中。这样，就完成了最简单的通话过程。

快乐一读

电话在中国

1921年，北京紫禁城才安上电话。

尽管光绪七年 (1818) 丹麦大北电报公司就在上海公共租界埋电杆装电话，光绪八年大北电报公司又在外滩创设第一家电话局，仅比美国电报公司晚一年，但电话安进紫禁城已经是民国十年。宫里安上电话后，电话局又送来电话本，溥仪看到京剧名角杨小楼的电话号码，对话筒叫了号，一听对方回答的声音，就学京剧里的道白腔调念道："来者可是杨——小——楼呵？"对方哈哈大笑问："您是谁呵？"溥仪连忙把电话挂上了。皇帝用电话，在中国的历史上也算是第一次。

马竟然 "活" 起来了!

1872 年的一天，在美国加利福尼亚州的一家酒店里，有两个人在激烈地争吵。原来一个人认为马在奔跑跃起时始终有一只蹄子着地。另一个人则认为马在跃起的瞬间 4 只蹄子都是腾空的。他们来到跑马场想看个究竟，但是马奔跑的速度太快，根本无法看清马蹄是否着地。

摄影师麦布里治知道此事后，表示有办法解决。他在跑道的一边并列安置了 24 架照相机，镜头都对准跑道；在跑道的另一边，打了 24 个木桩，每根木桩上都系上一根细绳；这些细绳横穿过跑道，分别系到对面每架相机的快门上。当马经过安置有照相机的路段时，依次把 24 根引线绊断，与此同时，24 架照相机快门也就依次拍下了 24 张照片。从这条连贯的照

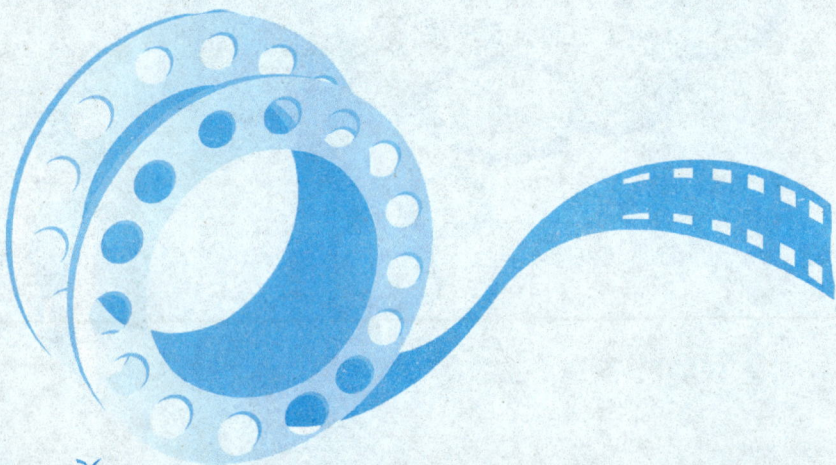

片带上可以清楚地看出，马在奔跑时总有一只蹄子是着地的，于是持这一观点的人赢了这场赌。这时，麦布里治偶然快速地抽动了那条照片带，结果照片中静止的马叠成了一匹运动的马，马竟然"活"起来了！

生物学家马莱从这里得到启迪，经过几年的不懈努力，在1888 年制造出一种轻便的"固定底片连续摄影机"，这就是现代摄影机的鼻祖。

1895 年 12 月 28 日，法国人卢米埃尔兄弟在巴黎的"大咖啡馆"，第一次用自己发明的放映摄影兼用机放映了影片《火车到站》，这标志着电影的正式诞生。

你知道吗？

蒙太奇是什么意思？

蒙太奇，原为建筑学术语，意为构成、装配，现在是影视电影创作的主要叙述手段和表现手段之一。蒙太奇根据影片所要表达的内容和观众的心理顺序，将一部影片分别拍摄成许多镜头，然后再按照原定的构思组接起来。简言之，蒙太奇就是把分切的镜头组接起来的手段。电影的编剧为未来的电影设计蓝图，电影的导演在这个蓝图的基础上运用蒙太奇进行再创造，最后由摄影师运用影片的造型表现力具体体现出来。

DOGY

快乐一读

中国的皮影戏

皮影戏，是一种用灯光照射兽皮或纸板做成的人物剪影以表演故事的民间戏剧。表演时，艺人们在白色幕布后面，一边操纵戏曲人物，一边用当地流行的曲调唱述故事，同时配以打击乐器和弦乐，有浓厚的乡土气息。在河南、山西农村，这种质朴的民间艺术形式很受人们的欢迎。

元代时，皮影戏曾传到各个国家，这种源于中国的艺术形式，吸引了多少国外戏迷，人们亲切地称它为"中国影灯"。

皮影戏最早诞生在两千年前的西汉，又称羊皮戏，俗称人头戏、影子戏、驴皮影。发祥于中国陕西，极盛于清代的河北。如今，中国皮影被世界各国的博物馆争相收藏，同时也是中国政府与其他国家领导人相互往来时的馈赠佳品。

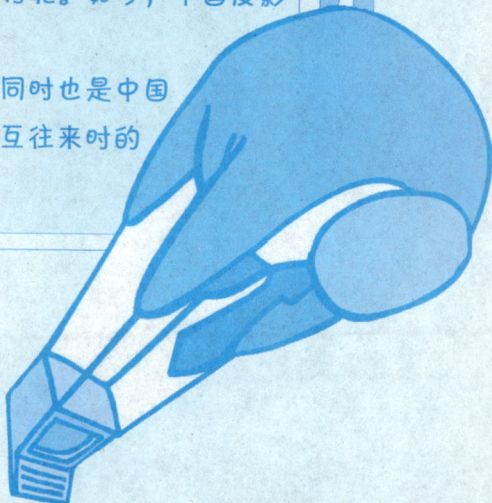

电波传递真相

尼泼科夫格外喜欢通信技术。在学好专业课程的前提下,他把所有时间都花在阅读电学知识上。

在他看来,电报、电话简直太神奇了。他想:电报能传送人的意图,电话可传送人的声音,是不是也可以发明一种传送图像的装置呢?

一天,尼泼科夫看见左右邻桌的两位同学正在做一种游戏:他们桌上各放着一张大小相同的纸,纸上画满大小相同的小方格。尼泼科夫右侧的同学在纸上写了一个字,然后按照一定的顺序告诉对方哪一个小格是黑的,哪一个小格是白的;对方按照右侧同学发出的指令,或用笔将小方格涂黑,或让它空着。这样,待对方同学将全部小方格都按指令处理后,纸上便出现了与右侧同学写的相同的字。

尼泼科夫看着看着,不禁喊道:"真是一个好办法!"

"任何图像都是由许许多多的黑点组成的。如果把要传送的图像分解成许多细小的点,借助一定的科学方式把这些点变成电信号,并传送出来,那么接收的地方只要把电信号再转化为点,并把点留在纸上,不就实现了图像的传真吗?"

于是，尼泼科夫马上投入到这一方案的实施中。经过一段时间的研制，尼泼科夫做成了一种圆盘式传输装置，通过扫描、发送、传输、接收四个过程实现了图像的传真。这就是现代传真机的雏形。

你知道吗？

传真机分为哪几种呢？

目前市场上常见的传真机可以分为四大类：热敏纸传真机（也称为卷筒纸传真机）、热转印式普通纸传真机、激光式普通纸传真机（也称为激光一体机）、喷墨式普通纸传真机（也称为喷墨一体机）。四类传真机中最常见的是热敏纸传真机和喷墨、激光一体机，而激光一体机和喷墨一体机的不同之处仅仅是打印方式和所采用的耗材上。

快乐一读

网络传真机

网络传真机指的就是网络传真，也称电子传真，网上传真机，英文称作 EFAX。

网络传真是基于电话交换网（PSTN）和互联网络的传真存储转发，也称电子传真。它整合了电话网、智能网和互联网技术。原理是通过互联网将文件传送到传真服务器上，由服务器转换成传真机接收的通用图形格式后，再通过 PSTN 发送到全球各地的普通传真机上。

网络传真是指通过互联网发送和接收传真，不需要传统传真机的一种新型传真方式。通过网络传真，用户可以像收发电子邮件一样接收和发送传真，具有方便、绿色环保、易管理等优点。

电梯很安全

　　1854 年，在纽约水晶宫举行的世界博览会上，美国人伊莱沙·格雷夫斯·奥蒂斯第一次向世人展示了他的发明。他站在装满货物的升降梯平台上，命令助手将平台拉升到观众都能看得到的高度，然后发出信号，令助手用利斧砍断了升降梯的提拉缆绳。观众们屏住了呼吸。平台在落下几英尺后又停住了。奥蒂斯脱下帽子欢呼道："完全安全，先生们，完全安全！"

　　原来奥蒂斯设计了一种弹簧，把两个钢齿嵌到滑道的 V

型切口中以防缆绳受到断裂，这样他就制造出了世界上第一部安全电梯。

人类利用升降工具运输货物、人员的历史非常悠久。早在公元前2600年，埃及人在建造金字塔时就使用了最原始的升降系统。1203年，在法国海岸边的一个修道院里安装了一台以驴子为动力的起重机，结束了用人力运送重物的历史。英国科学家瓦特发明蒸汽机后，起重机装置开始采用蒸汽为动力。在这些升降梯的基础上，一代又一代富有创新精神的工程师们在不断改进升降梯的技术。然而，一个关键的安全问题始终没有得到解决，那就是一旦升降梯拉升缆绳发生断裂时，负载平台就一定会发生坠毁事故。

奥蒂斯的发明彻底改写了人类使用升降工具的历史。从那以后，搭乘升降梯不再是"勇敢者的游戏"了，安全电梯在世界范围内得到广泛应用。

嘻哈版 科学

你 知 道 吗？

1901年，我国第一部电梯在上海出现了，这部电梯是由美国奥迪斯公司安装完成的。美国奥迪斯公司1912年安装在天津利顺德酒店的电梯到现在为止还在运行呢。我国中央部门1951年提出要在天安门安装一台由我们自己制造的电梯，这个任务交给了天津从庄生电机厂。4个月以后，他们果然不辱使命，顺利的完成了任务。改革开放以来，我国的电梯产业也在迅速地发展，各项技术指标都位于世界前列。

快乐一读

磁悬浮电梯

简而言之，就是把磁悬浮列车竖起来开，但是其中还有很多技术问题有待于解决。这种技术主要是通过结合运用磁铁的吸引及排斥作用使得物体悬浮静止在半空，不像以往的旧式电梯需要靠垂直轨道牵引升降。它去除了传统电梯的钢缆、曳引机、钢丝导轨、配重、限速器、导向轮、配重轮等复杂的机械设备。新型的磁悬浮电梯在轿厢内装有磁铁，在移动时与电磁导轨（直线电机）上的电磁线圈通过磁力相互作用综合调整，使得轿厢与导轨"零接触"。由于不存在摩擦，磁悬浮电梯于运行时非常的安静并更加的舒适，还可以达到传统电梯无法企及的高速。该种电梯适用于楼宇用梯、发射平台及太空电梯等载人、载物的垂直运输设备。

让无线电为广播服务

美国人内桑·史特波斐德只读过小学，他如饥似渴地自学电气方面的知识，后来成了发明家。1886 年，他从杂志上看到德国人赫兹关于电波的谈话，从中得到启发，试图把电波理论应用到无线广播上。经过不断的研制，他终于获得成功。

1902 年的一天，他在附近的村庄里放置了 5 台接收机，

又在穆雷广场放上话筒。一切准备工作就绪了，他却紧张得不知播放些什么才好，只得把儿子巴纳特叫来，让他在话筒前说话，吹奏口琴。试验成功了，巴纳特·史特波斐德因此而成为世界上第一个无线广播演员。

他在穆雷市广播成功之后，又在费城进行了广播，获得华盛顿专利局的专利权。现在，肯塔基州立穆雷大学还有"无线广播之父"的纪念碑。

1906 年 12 月 24 日晚上 8 点钟左右，美国匹兹堡大学教授费森登通过马萨诸塞州布朗特岩的 128 米高的无线电塔成功地进行了一次广播。广播的节目有朗读《圣经路加福音》中的圣诞故事、播送小提琴演奏曲、德国音乐家韩德尔所作的《舒缓曲》等。这是人类历史上第一次进行的正式的无线电广播。

你知道吗?

中国的无线电广播是什么时候出现的?

在中国大地上出现的第一座广播电台是由外国人办的，1923年初美国商人奥斯邦在上海办了一个50瓦的广播电台，虽然只办了半年，但它却是在中国的第一座广播电台。此后不久，外国人相继在上海、天津、北平、哈尔滨等地开办了类似的电台，它们以广播商情、广告为主，辅以娱乐节目，新闻占的比重较小。

中国人自己办的第一座电台是哈尔滨广播电台，它于1926年10月1日开播，发射功率100瓦。1928年1月1日发射功率增大到1000瓦，用汉语、俄语和日语三种语言广播。

快乐一读

无线电和无线电技术

无线电是指在自由空间（包括空气和真空）传播的电磁波。

无线电技术的原理在于，导体中电流强弱的改变会产生无线电波，利用这一现象，通过调制可将信息加载于无线电波之上。当电波通过空间传播到达收信端，电波引起的电磁场变化又会在导体中产生电流。通过调节将信息从电流变化中提取出来，就达到了信息传递的目的。

麦克斯韦最早在他递交给英国皇家学会的论文《电磁场的动力理论》中阐明了电磁波传播的理论基础。他的这些工作完成于 1861~1865 年。

红灯停绿灯行

位于英国中部的约克城，在 19 世纪初女士们穿衣服有一条潜规则，红、绿装各自代表不同身份：着红装的女士表示"我已婚"，同时意味着"不可追求"；而穿绿色衣服的女士则表示"我还未婚"，"允许追求"。

当时，伦敦议会大厦前不时发生马车撞人的事故。而正是受到"红绿装"不同含义的启发，英国机械师德哈特于 1868 年 12 月 10 日设计制造出了世界上第一盏煤气交通信号灯。这种最初的信号灯仅有红绿两种颜色，各自代表着禁止通行和允许通过。在灯的脚下，一名手持长杆的警察随心所欲地牵动皮带转换提灯的颜色。后来信号灯的中心被装上煤气灯罩，它的前面有两块红、绿玻璃交替遮挡。倒霉的是只出生 23 天的煤气灯突然爆炸自灭，使一位正在值勤的警察也因此命丧黄泉。

这样一来，城市的交通信号灯被废止了。直到 1914 年，在美

国的克利夫兰市才率先恢复了红绿灯，然而，这时已是"电气信号灯"。

随着各种交通工具的发展和交通指挥的需要，第一盏名副其实的红黄绿交通信号灯诞生于 1918 年。它是三色圆形四面投影器，被安装在纽约市五号街的一座高塔上，红灯表示停止，黄灯表示准备，绿灯则表示通行。由于它的诞生，城市交通状况显著改善。

你知道吗？

交通灯为何三种颜色？

用这三色来作交通信号和人的视觉机能结构和心理反应有关。人眼最容易分辨的是红色和绿色，而黄色既不像橙色那样容易与红色混淆，又不像蓝色那样容易被阻挡和散射，因而成为交通灯上的第三种颜色。同时，人们看到不同的颜色会产生不同的感觉：红色意味着危险、禁止，黄色代表着提醒、警告、警觉，绿色常常象征着和平、安全和允许。所以，交通灯的颜色才会确定为红、黄、绿，分别代表禁止通行、谨慎慢行和允许通过三种含义。

快乐一读

黄色信号灯是如何发明的呢?

我国的胡汝鼎是黄色信号灯的发明者。一天,他站在十字路口等待绿灯信号,当他看到红灯熄灭正要横穿马路时,一辆转弯的汽车"刷"地一声擦身而过,吓得他心脏狂跳不止。回到宿舍,他反复琢磨,终于想到在红、绿灯中间必须再加上一个黄色信号灯,警示人们注意危险。他的建议很快得到有关方面的肯定。如此一来,红、黄、绿三色信号灯即以一个完整的指挥信号家族,在全世界陆、海、空交通领域普及开来了。

钢笔是这样炼成的

　　沃特曼是美国一家保险公司的业务员。1884年的一天，他好不容易在跟几位同行竞争之后，谈妥了一笔大生意。在签订保险合同时，沃特曼将鹅毛笔和墨水递给委托人，让委托人在合同上签字。不巧，鹅毛笔上滴下来的墨水把文件溅污了，沃特曼赶紧出去再找一份表格，但就在此时他的一个对手乘虚而入，抢去了这份买卖，刚到手的生意就这么丢了。

　　这件事刺激了沃特曼，他决心设计一种能控制墨水流量的自来水笔。他想到了毛细管的原理，植物不就是靠这种原理克服重力将汁液输送到枝叶上去的吗？

　　原始的鹅毛笔存不住墨水，沃特曼就给笔增添了皮囊储灌墨水。鹅毛笔出水一泄无遗，他为笔设计了带毛细管的笔舌和

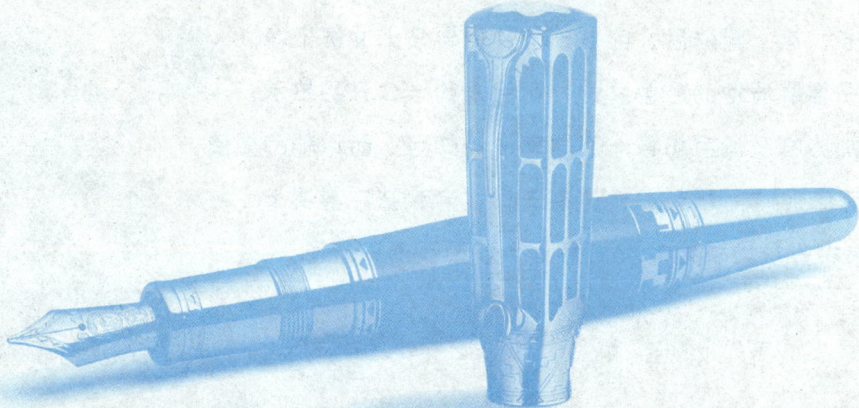

有细小裂缝的钢笔尖，笔舌与钢笔尖紧密互配，然后用滴管将墨水注入空心的笔杆，依靠毛细引力作用，使墨水自动流向笔尖，墨水沿着笔尖裂缝缓缓流下。重按笔尖，裂缝扩大，墨水多下，轻点笔尖，裂缝合拢，墨迹变淡。这就是现代钢笔的雏形。

后来这种钢笔又经过了不少改进，运用大气压差原理设计成吸水结构，代替了滴管注水。此外还做成了笔套，笔夹，使钢笔具有保护和随身携带佩挂的功能。由此奠定了钢笔的基础，开创了制造新颖的书写工具——钢笔的新纪元。

你知道吗？

墨水渍怎样清除呢？

首先，可以用清水冲洗一下，或者用洗洁剂搓洗。如果还残留痕迹，可用五六粒醋酸溶解于一大汤匙的热水来涂抹，便可使污渍褪去。丝绸类的质地因为容易受损，所以不能浸泡时间过长，涂上醋酸后，约过一分钟便要马上冲洗干净。至于棉麻质地的白色衣物，可用大约一公升的热水，再加苏打及漂白粉各一茶匙来洗涤即可。而浓稠的墨渍，可用浆糊、饭粒、洗洁剂三样混合涂抹在墨渍上，并以指尖重复地揉擦多次，直至揉到墨渍消失方可。

快乐一读

钢笔的保养

笔帽套在笔的尾端。这样，一旦笔掉下来，笔尾较重，笔尖不会先着地，这不失为保护笔尖的一个妙招儿。养成随时盖好笔帽的习惯还能避免墨水过快干凝。有人嫌墨水总干，不像圆珠笔铅笔那样拿起来就能写。这跟使用习惯关系也很大。需要提醒大家的是，我们感觉到的"墨水易干"不光是墨水的问题，"间隔书写"也是钢笔一个很重要的质量参数。

如果超过一星期不用，最好把笔洗干净。就算一直在使用，也最好每个月清洗一次。如此可以保证钢笔不被墨水堵住。洗笔用清水即可。我曾经为了挽救一支钢笔用酒精洗笔，尽管笔能用了，可是酒精对笔身的腐蚀使人实在不敢恭维洗后那支笔的手感啊！

无需蘸墨水的圆珠笔

1936 年，匈牙利的比罗在新闻印刷厂从事文字校对工作，在用钢笔改清样时，不时发生浸润模糊现象，并且钢笔笔尖很容易就把稿纸划破了。他想，若是把笔尖换成圆珠就好了。为此，比罗开始琢磨，能否试制一种其他的书写工具来代替钢笔。于是，比罗去请教化学家奥基。奥基说："笔尖换成圆珠比较好办，可是圆珠的周围必须要漏出墨水才能够写字呀！"

比罗想，如果让圆珠转动的时候控制墨水的流量，问题不就解决了吗？于是他开始反复地试验。经过一段时间的研制，比罗用一根钢圆管灌满速干油墨，在一端装上钢珠作为笔尖。然后，他在各种能书写的材质上进行书写试验，发现均可留下抹不掉的痕迹，而且笔管内的油墨也不易溢出，试验就这样成功了！

1940 年，他又对其发明进行了改进，于 1943 年 7 月 10 日申请了专利，1945 年开始投入市场。

由于圆珠笔使用的是干稠性油墨，油墨又是依

靠笔头上自由转动的钢珠带出来转写到纸上，故而不渗漏，也不受气候影响，并且书写时间较长，省去了经常灌注墨水的麻烦。很快就在各个国家流行开来。

圆珠笔于"二战"后传入中国。精明的商人大做"原子笔"的广告，借在日本爆炸的原子弹的余威来打开销路。实际上，"圆珠笔"与原子并不沾边，只不过是读音相近罢了。

你知道吗？

圆珠笔冒油的原因何在呢？

圆珠笔在书写时，一部分油墨从球珠转印到书写物上，球珠被转印后变白，另一部分油墨会随球珠转动带回球座内。

好的笔头，随球珠转动时将油墨较完全地带回球座，油墨沾在球座头外面较少，比较干净；而较差的笔头，油墨则会大部分沾在球座头外面，难以带回球座内，即冒油现象。书写时，很容易污染书写物。

快乐一读

圆珠笔油的去除

首先要看看衣服是什么料子的。一般的做法是：在污渍处下面放一块干毛巾，用小鬃刷沾酒精顺丝纹轻轻揉洗。这样反复两三次，就能基本除去污渍。如果洗后还留有少量残迹，可用热皂水泡或者煮沸就可以除去，对棉和棉涤织品可以采用这种方法。

另外，也可用次氯酸钠、高锰酸钾来去除圆珠笔油渍。如果毛料服装沾上圆珠笔油时，可先把污渍处放入三氯乙烯和酒精（比例是4：6）的混合溶液中浸泡10分钟，同时不时用毛刷轻轻地刷一刷，待大部分污渍溶解后，再用低温肥皂水或中性洗衣粉洗净。

盲人的第三只眼睛

路易·布莱尔出生在法国巴黎的一个小村庄。3 岁时，因玩弄小马不慎刺瞎了一只眼睛，随后波及另一只眼睛，到了 5 岁，双目完全失明。父母很疼爱他，决心把他培养成有文化的人。10 岁时，他被送进巴黎皇家盲人学校。学校的课本数量极少，大部分课程靠口授，学生只能用心记。布莱尔求知欲强，他想钻研历史、文学，但没有可供阅读的书籍。他决心创造盲文，带给盲人第三只眼睛，让他们顺利跨进知识的殿堂。

有一天，退伍兵上尉德拉塞尔应邀来学校给盲生讲授"夜间书写法"。这种书写法是专门为军队夜战传递命令和联络而创造的，用两行各 6 个凸点的符号来表示各种音标的。年仅 12 岁的布莱尔听后很受鼓舞。从此，他开始专心致志地研究盲文：每个字母用多少点来表示？点距离应多大？经过近 4 年的反复思考，不满 16 岁的布莱尔终于设计出一套按不同排列组成法语字母的方案，足以表示全部法语字母。

19 岁的布莱尔从盲校毕业留校当老师。他教过代数、几何、史地和音乐，还担任巴黎尼古拉大教堂的风琴师。尽管工作繁

重，他仍继续进行盲文研制工作。1829 年，布莱尔又增加了盲文的标点、数字及音符。1834 年，他又重新改革完善自己的方案，1837 年正式定稿，终于在 29 岁时，出版了世界上第一本布莱尔盲文读物。

你知道吗？

布莱尔盲文是什么时候传入中国的呢？

布莱尔盲文 1874 年传入中国，由英国传教士与中国盲人合作，按照不同地域的方言先后制定了以《康熙字典》的音序为基础的"康熙盲字"（我国最早使用的通用汉语盲文）、用汉语拼音方法拼写闽南话的"福州盲字"、以南京官话拼写的"心目光明盲字"，还有广州话、客家话等方言的盲字。其中，康熙盲字，俗称 408，是一种代码性质的盲字，以两方盲符的排列组合，组成 408 个号码，代表汉语的 408 个音节，每个音节按一定规律变换其图形表示四声。

快乐一读

布莱尔盲文

布莱尔盲文由 63 个编码字符组成，每一个字符由 1~6 个突起的点儿安排在一个有 6 个点位的长方形里。为了确认 63 个不同的点式或盲文字符，数点位时是左起自上而下 1—2—3，然后右起自上而下 4—5—6。这些凸起在厚纸上的行行盲文，可以用手指轻轻摸读。布莱尔盲文也可用特制的机器造出。

消解疼痛的"笑气"

18 世纪末，英国化学家戴维通过研究确定氧化亚氮具有镇痛和兴奋作用。这种物质能够使人欢快，甚至能引起难以控制的狂笑，氧化亚氮被称为"笑气"并广泛流传。

1844 年 12 月 10 日，美国 29 岁的牙科医生韦尔斯和他的妻子一同到康奈狄卡州的哈特福德去看一次舞台表演，那次表演主要是介绍"笑气"的制造，同时让参加者也享受一下这种娱乐。表演者吸入"笑气"后，很快就变得狂躁并跳下舞台在表演厅里追逐一名男子。突然表演者不慎摔倒在一张椅子上，腿部划了很深的一个口子。通常受这种伤是很痛的，但韦尔斯注意到表演者若无其事，丝毫没有疼痛和不舒服的表情。韦尔斯上前去和他谈话，问他是否很疼，他却回答说一点也不疼。有心的韦尔斯就想到，"笑气"也许能应用于牙科。

韦尔斯当时正因为有一颗智齿疼痛而困扰着他。他也是惧怕拔牙的疼痛而迟迟不肯拔掉这颗牙。当天晚上，他就让他的助手去说服组织那次表演的人，让他试用"笑气"用于拔牙。

第二天组织者带来一袋"笑气"让韦尔斯吸，在韦尔斯失去知觉后，助手迅速用钳子拔出了那颗智齿。韦尔斯苏醒过来

后觉得：并不疼，就像针扎了一下似的。他兴奋地说："拔牙的新时代到来了。"

从此以后，韦尔斯就开始将"笑气"用于拔牙前的麻醉。第一种麻醉药诞生了。

麻醉术有哪些用途呢？

麻醉术是指用药物或其他方法，使病人整个机体或机体的一部分暂时失去感觉，达到无痛的目的。随着外科手术及麻醉学的发展，麻醉术不仅包括麻醉镇痛，而且涉及麻醉前后整个手术期的准备与治疗，以维护病人生理功能，为手术提供良好的条件，为病人安全地度过手术提供保障。此外，还承担危重病人复苏急救、呼吸疗法、休克救治、疼痛治疗等任务，需要具备广泛的临床知识和熟练的操作技术。

快乐一读

"麻沸散"的传说

东汉神医华佗的儿子沸儿误食了曼陀罗的果实不幸身亡，华佗万分悲痛，在曼陀罗的基础上加了其他几味中草药研制出了世界上最早的麻醉药。为了纪念儿子，华佗将这种药命名为——麻沸散。华佗曾经试图利用麻沸散给关羽刮骨疗毒，遭到了关羽的拒绝。后来华佗建议曹操利用麻沸散进行开颅手术，曹操不相信华佗，并将他处死。麻沸散的配方也被狱卒的妻子烧掉，从此失传。

穿透人体的 X 射线

1895 年的一天，当伦琴在实验室用阴极射线放电管做试验时，突然发现放在放电管旁边的一张底片已经变得灰黑，快要坏了。是什么原因使它曝光了呢？伦琴陷入了深深的思索。这张底片是密封保存的，丝毫没有暴露在光线下。底片的变化，恰恰说明放电管放出了一种穿透力极强的新射线，它甚至能够穿透装底片的袋子！伦琴没有放过这条线索，开始了对这种神秘射线的研究，并将其取名为"X 射线"。

首先，他把一个涂有磷光物质的屏幕放在放电管附近，结果发现屏幕马上发出了亮光。接着，他尝试着拿一些平时不透光的较轻物质，比如书本、橡皮板和木板等放到放电管和屏幕之间，去挡那束看不见的神秘射线，可是在屏幕上几乎看不到任何阴影，它甚至能够轻而易举地穿透 15 毫米厚的铝板！

接下来更为神奇的现象发生了，当伦琴的妻子来实验室看他时，伦琴却一把抓住了夫人的手，放在屏幕和放电管之间，屏幕上出现了夫人那完整的手骨影子。"X 射线"竟然能够穿透人体！伦琴为这一发现激动地留下了热泪。

就在伦琴宣布发现 X 射线的第四天，一位美国医生就用

X 射线照相发现了伤员脚上的子弹。从此，对于医学来说，X 射线就成了神奇的医疗手段。人们为了纪念伦琴，将 X 射线命名为伦琴射线。

你知道吗？

X 射线对人体有伤害吗？

病人在 X 线检查时，安全照射量应在 100 伦琴以内，按这个照射量再制定出容许的照射次数和时间。如胸部透视在几天以内总的积累不应超过 12 分钟，胃肠检查不应超过 10 分钟。至于摄片检查因部位不同，照射量多不同，所以相应的容许照射次数也不同。病人在一年当中做 2~3 次检查对健康的影响是微不足道的。但是，孕妇和婴幼儿、儿童应尽量避免 X 射线检查。

快乐一读

Ｘ射线的医学用途

Ｘ射线技术应用最广泛的是放射医学领域，它使用放射线照相术和其他技术产生诊断图像。Ｘ射线还可以探测骨骼及软组织的病变，常见的例子有胸腔Ｘ射线，用来诊断肺部疾病，如肺炎、肺癌或肺气肿；而腹腔Ｘ射线则用来检测肠道梗塞。借助计算机，人们可以把不同角度的Ｘ射线影像合成三维图像，在医学上常用的电脑断层扫描（ＣＴ扫描）就是基于这一原理。

神奇的冰箱发射机

如果你常常在看电视球赛时喝啤酒，却为必须离开沙发去电冰箱内取啤酒而苦恼，这个发明对你无异于一大福音：一个能发射啤酒的电冰箱。

一位22岁的美国年轻人约翰·康韦尔发明了这样一种啤酒罐发射装置，它安装在电冰箱的顶部，使盯着电视屏幕的人们不必从沙发上挪窝，就能遥控电冰箱发射啤酒到自己手中。可谓眼福口福两不误。

康韦尔对一台迷你电冰箱进行了改装。他花了150小时和400美元，最终成一台一次最多能发射10听啤酒的"啤发射器"电冰箱。发射装置安装在冰箱部。顶部还开有一个小洞，作为啤酒罐从冷藏装置输出的通道。冷库里一次能装10听啤酒，发射完后需重新装入。康韦尔从汽车声控钥匙中得到灵感，用"喀嗒"声控制啤酒发射。第一声喀嗒响过后，电冰箱内部的小型升降器把一听啤酒从冷库里传送到顶部，通过小洞滚到发射

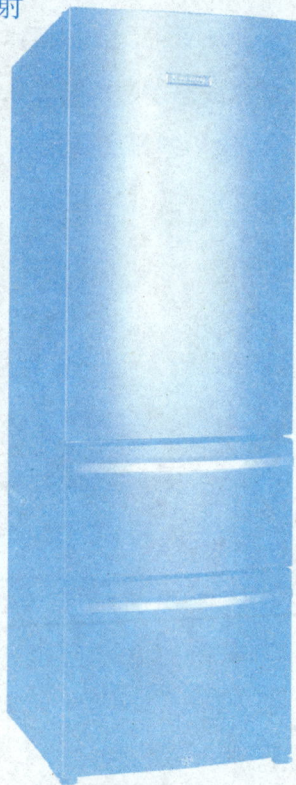

装置的发射臂上。第二声喀嗒响后，发射臂按照设定好的角度转动到某一位置，然后发射，最远距离可达到 6 米。

冰箱是近一个世纪来才发明的一种家用电器，它不仅可以对食物进行保鲜，还可以运用到储存医药等方面，为人们带来许多方便。随着社会的发展，各种式样的冰箱涌现出来，满足了人们多样化的需求。

你知道吗？

世界上第一台冰箱是怎么发明出来的呢？

美国人巴尔卡喜欢钓鱼。有一年冬天的一个早晨，皮革商又来到了渔场。因为头天晚上下过大雪，皮革商费了很大力气才在结冰的海上凿了个洞，然后开始钓鱼。他发现钓的鱼一放到冰上很快就冻得硬邦邦的了，而且只要冰不融化，鱼过个三五天也不变味。经过多次探索，他发现不仅鱼类在冰冻条件下可以保鲜，其他食物，比如牛肉、蔬菜都可以这样做。

通过反复地试验，他终于成功地制造出一台能让食品快速冰冻的机器，这就是世界上第一台冰箱。

快乐一读

冰箱内壁结霜的原因

人们存放食品打开冰箱时,室内空气和冰箱内气体自由交换,室内的湿空气悄悄地进入冰箱里。还有一部分水汽来自冰箱里存放的食品,如请洗干净的蔬菜、水果放在保鲜盒里,蔬菜等食品中的水分蒸发,遇冷后凝结成霜。特别在夏天,室内的气温高,湿度大,室温与冰箱内的温度差大。当打开冰箱时,一股凉气从里向外流,而室内空气往冰箱里钻。少许时间,冰箱内壁上就出现一层白霜。

夏季不再难熬

1902 年，美国的一家印刷厂求助于发明家威利斯·开利，原来印刷机由于空气温度与湿度的变化使得纸张伸缩不定，油墨对位不准，无法生产出清晰的彩色印刷品。开利心想，既然可以利用空气通过蒸气线圈来保暖，何不利用空气经过冷水线圈来降温？空气中的水会凝结在线圈上，如此一来，工厂里的空气将会既凉爽又干燥。由此开利设计了世界上第一个空调系统。

自那以后的 20 年间，空调逐渐被用来调节生产过程中的温度与湿度。并进入诸多行业，如化工业、制药业、食品及军火业。

20 世纪 20 年代的娱乐业一到夏天就一片萧条，因为剧院里闷热无比，没人乐意花钱买罪受。1925 年的一天，开利与纽约里瓦利大剧院联手打出了保证顾客"情感与感官双重享受"

的口号。那一天，里瓦利剧院外人山人海，只不过几乎人人都带着把纸扇以防万一。然而跨入剧院大门，一刹那的清凉彻底征服了观众。空调自此进入了迅猛发展的阶段。

家用空调的研制始于20世纪20年代中期。1928年开利公司推出了第一代家用空调，但受到经济大萧条和二次大战的影响，并未得到普及。50年代后经济起飞，家用空调才开始真正走入千家万户。

你知道吗？

"空调病"是怎么出现的呢？

当频繁使用空调时，就会出现空调病，症状多为浑身无力、咳嗽、发烧等。

血流不畅，使关节受损受冷导致关节痛；由于室内与室外温差大，人经常进出会感受到忽冷忽热，这会造成人体内平衡调节系统功能紊乱，平衡失调就会引起头痛，易患感冒。寒冷感觉还会使交感神经兴奋，导致腹腔内血管收缩、胃肠运动减弱，从而出现诸多相应症状。

快乐一读

空调省电窍门

不要贪图空调的低温，温度设定适当即可。因为空调在制冷时，设定温度高2摄氏度，就可以节电20%。对于静坐或正在进行轻度劳动的人来说，室内可以接受的温度在27摄氏度~28摄氏度之间。

过滤网要常清洗。太多的灰尘会塞住网孔，使空调加倍费力。

选择制冷功率适中的空调。一台制冷功率不足的空调，会减短空调的使用寿命，增加空调产生使用故障的可能性。如果空调的制冷功率过大，就会使空调的恒温器过于频繁地开关，从而导致对空调压缩机的磨损加大，同时，也会造成空调耗电器的增加。

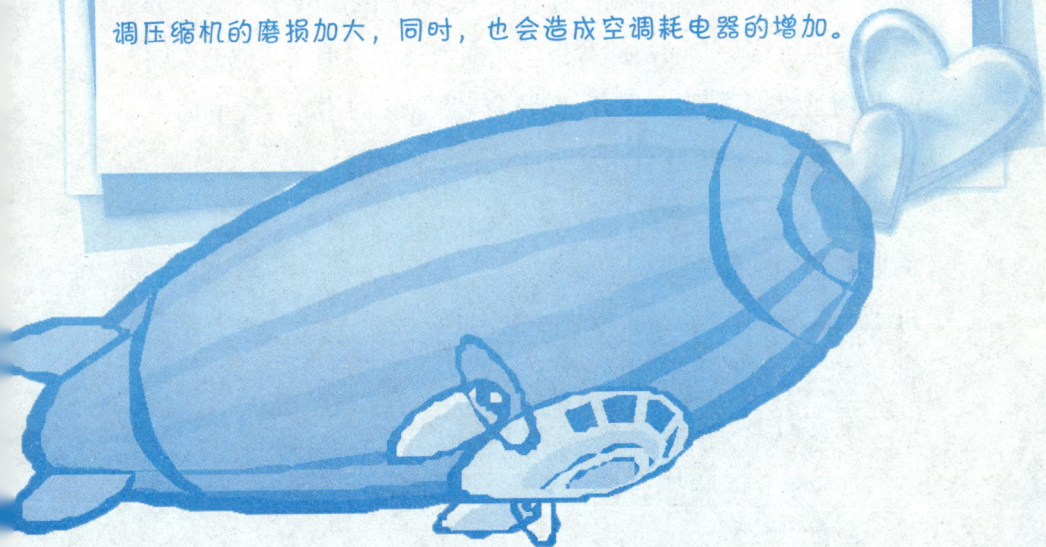

可移动的扣子

1896 年 5 月 18 日，美国芝加哥市一个名叫贾德森的工程师，看到妻子做衣服时，钉钮扣钉得手指都磨破了，感到很心疼。为了减轻妻子的痛苦，他想出一个办法：在两条布边上镶嵌了一个 U 形的金属牙，再利用一个两端开口、前大后小的元件，让它骑在金属牙上，通过滑动使两边金属牙咬合在一起，从而发明了"滑动绑紧器"，这就是拉链的雏形。

贾德森发明的"可移动的扣子"存在着严重的缺点，很容易自动绷开，如果用在裙子和裤子上，突然绷开就会令人十分尴尬。而且这种产品不能弯折、扭曲或洗涤。但是，他的发明独具创造性，直到 1905 年他获得与此有关的第 5 号专利时，还没有其他人提出过与此发明有关的专利申请。

1913 年，一位瑞典工程师桑帕克改进了贾德森的设计，将链齿改成凹凸形的，使它们一个紧套一个，这样，金属牙就不会自己分开了，

非常类似于今天的拉链。桑帕克还设计出相应的生产机器，为拉链的批量生产打下了基础。

1924年，美国豪富公司从桑帕克处购买了这种拉链专利，将它投入生产，并在商品交易会上当场表演。新的"可移动的扣子"引起了人们极大的兴趣。根据它开合时发出的摩擦声，豪富公司为它起了个形象的名字，叫作"Zipper"，也就是"拉链"。

你知道吗？

怎样排除拉链故障呢？

开合不顺利时，如果用力拉动链头，会产生齿件咬合故障。此时用石蜡或润滑喷雾涂在齿件表面和里面，然后移动拉头数次后就滑动松了。

如果袋子里的东西装得太多，用力合闭拉链时，拉链受力太大，会使链头脱离齿件。把左右齿件拉近，使链头容易通过后再合闭拉链。

开合拉链时，有时链头咬住线段或布料而使拉头拉不动，这时应该一方面慢慢倒退拉头，一方面逐步把布料解开。

快乐一读

中国的拉链产业

我国的拉链生产是在 1930 年由日本传到上海的。1995 年以后，我国拉链生产以空前的速度发展，一大批新兴的民营拉链企业脱颖而出，规模不断扩大，拉链产品不断增加。2004 年中国拉链的产量达到 280 亿米，可以绕地球赤道 700 圈，并占据了全球拉链市场销售额的一半。中国成为世界上最大的拉链生产国。

被微波熔化的巧克力

珀西·斯宾塞是美国雷西恩公司的一位工程师。1945 年的一天，斯宾塞正在做磁控管实验的时候，上衣口袋处突然渗出暗黑色的"血迹"。同事们慌忙地对他说："您受伤了，胸部流血了！"斯宾塞用手一摸，胸部果然湿糊糊的。他一下子紧张起来，但稍一思索后，他立刻明白了，这只不过是一场虚惊：原来是放在口袋里的巧克力融化了。他换了件干净衬衣继

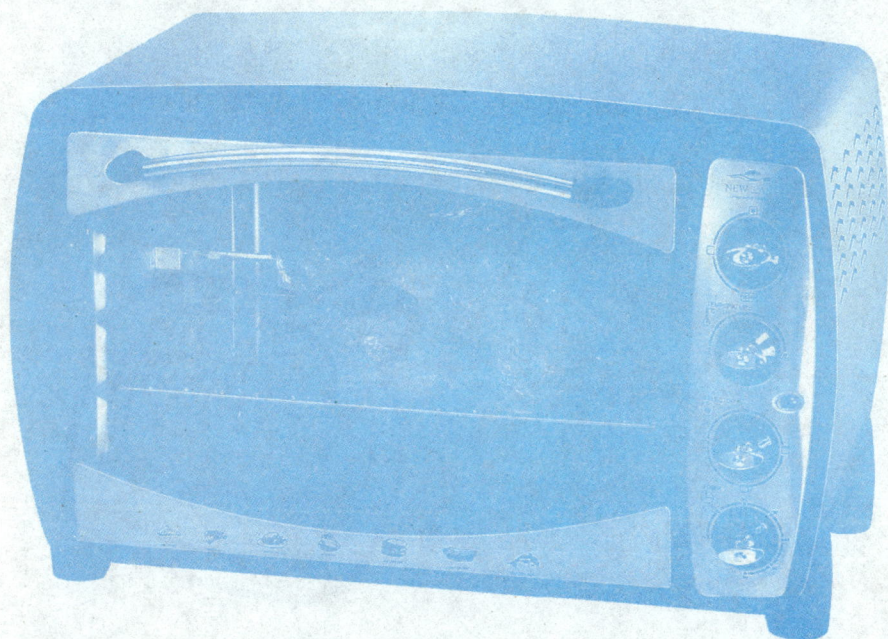

续工作。

口袋里的巧克力为什么会融化呢？斯宾塞抓住这一现象进行了认真分析和研究。"难道是微波起的作用？"斯宾塞的脑子里突然闪出这个想法。

于是斯宾塞开始用微波对各种食品进行实验。有一次，他走过一个微波发射器时，身体有热感，不久他发现装在口袋内的糖果被微波熔化。还有一次，他把一袋玉米粒放在波导喇叭口前，然后观察玉米粒的变化。他发现玉米粒竟然变成了爆米花。第二天，他又将一个鸡蛋放在喇叭口前，结果鸡蛋受热突然爆炸，溅了他一身。这更坚定了他的微波能使物体发热的论点。

在此基础上，他第一个提出利用微波加热食物的设想。两年后，雷西恩公司根据这个微波加热原理，研制出世界上第一台微波炉。

你知道吗？

使用微波炉有哪些注意事项呢？

电源若不足，微波炉内的光线会显得暗淡，此时若继续使用，会损坏安全保险设备，应立即停止。

微波炉要放置在通风的地方，附近不要有磁性物质，以干扰炉腔内磁场的均匀状态，使工作效率下降。

微波炉内如无物品，切勿使用。因为发出的微波无法吸收，会反弹回磁控管而加以损坏。家中如有小孩，或为防止一时疏忽而造成空载运行，可在炉腔内置一盛水的玻璃杯。

在使用转盘式微波炉时，盛装食品的容器一定要放在微波炉专用的盘子中，不能直接放在炉腔内。

快乐一读

微波炉的利与弊

微波炉由于烹饪的时间很短，对食物营养的破坏相当有限，能很好地保持食物中的维生素和天然风味。而且微波食物中矿物质、氨基酸的存有率也比其他烹饪方法高。另外，微波还可以消毒杀菌。

微波炉不适合烹饪含盐量高的食品，应尽量减少用盐量，这样可避免烹饪的食物外熟内生。微波炉不适合烹饪大块食物，最好将食物切成 5 厘米以下的小块。食品形状越规则，微波加热越均匀。

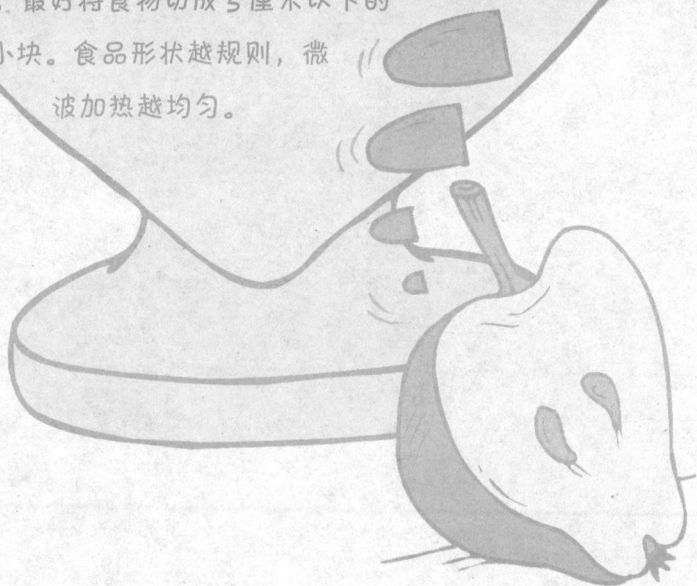

会说话的机器

1877 年 8 月 15 日，爱迪生将画好的一张机械设计图交给了助手克瑞西。克瑞西按照爱迪生的设计图纸，制造出了一台由大圆筒、曲柄、两根金属小管和模板组成的机器。

爱迪生取出一张锡箔，将它包在刻有螺旋槽纹的金属圆筒上，摇动曲柄，对着圆筒前的小管子，声情并茂地唱起了一首儿歌："玛丽有只小羊羔，雪球儿似的一身毛……"唱完后，爱迪生把圆筒转回原处，换上另一根小管子，慢悠悠地摇起了曲柄。这时，大家都屏住气，屋里静悄悄的。过了一会儿，这台怪机器不紧不慢，一圈又一圈地转动着，唱了起来："玛丽有只小羊羔……"声音虽然小，而且有点含糊，并不动听，但爱迪生和克瑞西高兴万分，觉得这是世界上最动听的歌。

"这台怪机器为什么会说话呢？"克瑞西忍不住问道。

爱迪生指着机器对他说：这台机器的金属筒横向固定在支架上，表面刻着纹路，它跟一个小曲柄相连，金属筒旁边是一个粗金属管，它的底膜中心有一根针头，正对着金属筒的槽纹。锡箔下面的金属筒上也有槽纹，所以随着歌声的起伏，唱针在

锡箔上刻出了深浅不同的槽纹。当唱针沿着槽纹重复振动时，就发出了原来的声音。

"原来是这么回事！"克瑞西点了点头。

爱迪生发明留声机的消息很快传开了，人们称赞这是"19世纪的奇迹"。

你知道吗？

唱片怎么发明的呢？

爱迪生发明的录音圆筒十分粗笨，使用极为不便。一个名叫埃米尔·玻里纳的德国移民于 1888 年发明了唱片。后经包括爱迪生在内的许多人的改进，唱片成了 20 世纪初期音乐录制的主要载体。因为技术的限制，那时的唱片转速很快，每分钟 78 转。因为转速快，这种唱片每面最多只能录 3 分钟。

留声机的发展

随着科技的进步，留声机发展演化为磁带录音机、CD 机和数字式 MP3 播放器。

磁带录音机是一种把声音记录下来以便重放的机器，以硬磁性材料为载体，将声音信号记录在载带上。CD 机是一种用微电脑控制的智能化高保真立体声音响设备，采用了激光技术、数码技术、计算机技术和各种新型元器件。数字式 MP3 播放器是一种可播放 MP3 格式的音乐播放工具，具有移动存储功能。

"木乃伊" 轮胎

古代的二轮运货牛车靠着木轮子嘎吱嘎吱地行进。当牛车在路途中意外遇到碰撞时，货物和乘客就可能会跳起来。后来的金属轮子像19世纪的公共马车那样，车辆中安装了悬架系统，使情况略为改善。

19世纪的工程师们认为，可以使用橡胶来解决这个问题，因此他们制作了一些沿着轮缘排列的实心橡胶轮胎。这些轮胎提供了一种软垫层来缓冲某些撞击，并帮助轮子紧贴道路。后来，有两个发明家产生了制造可膨胀轮胎的想法。罗伯特·汤姆逊设计了一种皮革胎，并且在1845年获得了专利。

但是更成功的设计是苏格兰人约翰·邓洛普在1887年提出的。

邓洛普的儿子向父亲抱怨他的三轮脚踏车在圆卵石路上持续弹跳时，造成了损坏。邓洛普经过不断实验，终于制成了一种可以打进空气而使之膨胀起来的轮胎。当轮胎包住车轮时，它看上去有点像埃及的木乃伊。开始时，人们嘲笑邓洛普的"木乃伊轮胎"，然而这种轮胎却得到了骑三轮车人的喜爱。那些赛车手则对这种轮胎更满意，因为他们认识到用充气的新轮胎

能跑得更快。

使充气轮胎更加实用的一项发明是凹面和盘形轮缘的设计，它有助于轮胎固定在车轮上。英国工程师韦尔奇在 1890 年获得了这项发明的专利。

你知道吗？

充气轮胎有哪些优点呢？

气密性好。无内胎轮胎有一层气密层，是用特种的丁基橡胶混合物制成。胎圈外侧上附加一层橡胶密封层，当轮胎在充气压力作用下，胎与轮辋紧紧压合，保持密封。

工作温度低。由于不存在内外胎之间的磨擦，并且可通过轮辋直接散热，使胎温低，耐磨性强，使用寿命长。

结构简单，省去了内胎和胎带，有利于车辆轻量化。

具有一定的安全性和便利性。当充气轮胎被异物刺穿时，气压不会迅速消失，至少能行驶几十千米，可避免途中修理。

快乐一读

及时查气补气。轮胎充气后，并不是绝对密封的，即使在胎和气门芯完好的情况下，也会自行漏气。因此，必须做到勤查勤补。

正确驾驶。保持车辆中速行驶，便能降低轮胎温度，延长使用寿命。

用专用工具拆装轮胎。轮胎需要修补时，最好到有专用工具的厂家去修补。同时要注意，在拆下轮胎前应做好标记，以便组装时能保持原来的滚动方向和动平。

塑料可以导电吗

1975 年，美国费城的艾伦教授到日本访问，在他参观东京技术学院时，在一个实验室的角落里偶然发现一种奇异的薄膜，又像塑料但又闪着金属的银光。于是，艾伦教授停下来好奇地询问，陪同的白川教授介绍说，这是一个外国留学生做高分子聚合实验时，由于没有听清楚要求而产生出这种莫名其妙的废品。

艾伦教授面对着这一件"废品"，思索片刻后毅然停止了参观，坚持要求面见那个外国留学生，并详细询问了实验的全过程。当他得知这种有机银光薄膜还真有些导电性能时，一个灵感的火花迸发了出来：能不能发明一种能导电的塑料呢？

根据人们以往的研究发现，各种塑料都是绝缘体，这种理论已经被写进了教科书。

艾伦教授却不以为然，当即邀请白川教授和另一位教授到

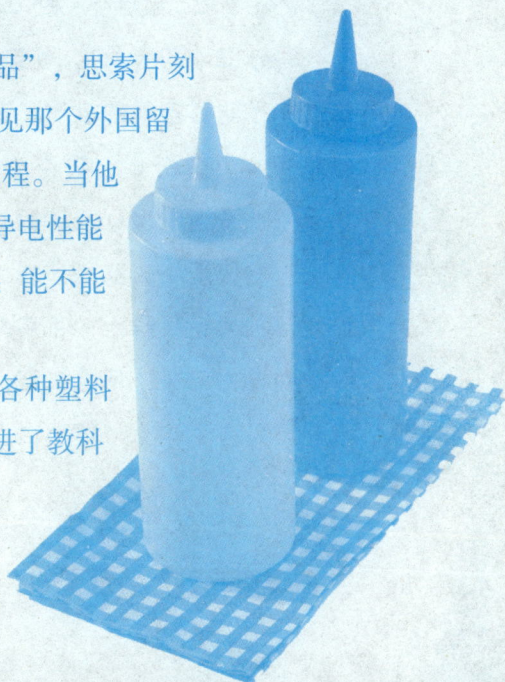

美国共同研究。他们用先进的设备进行了大量研究试验，并且利用精密电脑记录分析。在经过无数次的失败后，当有一次将微量的碘加入到一种聚乙炔时，奇迹发生了，银光塑料的导电性能一下子提高了千万倍，真正成为了金属般的导电塑料。这一成果公布后，在全世界引起了巨大的反响，三位科学家共同获得了诺贝尔化学奖。

你知道吗？

塑料是谁发明的呢？

1907年7月14日，美籍比利时人列奥·亨德里克·贝克兰注册了酚醛塑料的专利，这是世界上第一种完全合成的塑料。从1904年开始，贝克兰开始研究苯酚和甲醛的反应。3年后，他得到一种糊状的黏性物，模压后成为半透明的硬塑料——酚醛塑料。酚醛塑料绝缘、稳定、耐热、耐腐蚀、不可燃，被贝克兰称为"千用材料"。在迅速发展的汽车、无线电和电力工业中用途广泛。1940年5月20日的《时代》周刊将贝克兰称为"塑料之父"。

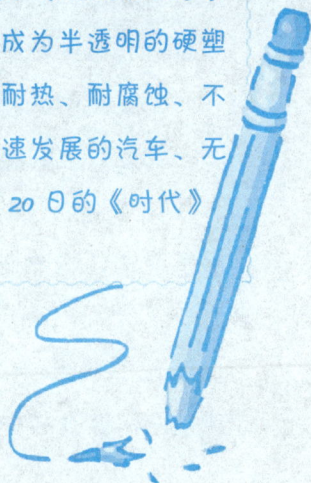

快乐一读

塑料的特性

大多数塑料材质轻，化学性稳定，不会锈蚀；耐冲击性好；具有较好的透明性和耐磨耗性；绝缘性好，导热性低；一般成型性、着色性好，加工成本低。

大部分塑料的抗腐蚀能力强，不与酸、碱反应。并且可以用于制备燃料油和燃料气，这样可以降低原油消耗。

大部分塑料耐热性差，热膨胀率大，易燃烧，尺寸稳定性差，容易变形。

多数塑料耐低温性差，低温下变脆；容易老化；某些塑料易溶于溶剂。

那一团青色的霉花

1928 年 9 月的一天早晨，英国细菌学家弗莱明像往常一样来到了实验室。当他来到靠近窗户的一只培养器前的时候，皱起了眉头，自言自语道："唉，怎么搞的，竟然变成了这个样子！"原来，这只贴有葡萄状球菌标签的培养器里，所盛放的培养基发了霉，长出一团青色的霉花。他的助手赶紧过来说："这是被杂菌污染了，别再用它了，让我倒掉它吧。"弗莱明没有马上把这个培养器交给助手，而是仔细观察了一会儿。使他感到惊奇的是：在青色霉菌的周围，有一小圈空白的区域，原来生长的葡萄状球菌消失了。难道是这种青霉菌的分泌物把葡萄状球菌杀灭了吗？

想到这里，弗莱明兴奋地把它放到了显微镜下进行观察。结果发现，青霉菌附近的葡萄状球菌已经全部死去，只留下一点枯影。他立即决定，把青霉菌放进培养基中培养。几天后，青霉菌明显繁殖起来。于是，弗莱明进行了试验：用一根线蘸上溶了水的

葡萄状球菌，放到青霉菌的培养器中，几小时后，葡萄状球菌全部死亡。接着，他分别把带有白喉菌、肺炎菌、链状球菌、炭疽菌的线放进去，这些细菌也很快死亡。

弗莱明又进行了一番研究，证实这种青霉菌是杀菌的有效物质。他给这种物质起个名字：青霉素。在第二次世界大战期间，青霉素得到了广泛应用，拯救了千万人的生命。

中国第一支青霉素是怎样产生的呢？

1940年，樊庆笙前往美国留学。随着太平洋战争爆发，归心似箭的樊庆笙冲破日军层层封锁，毅然回到祖国，随身便带着刚在美国问世不久的青霉素菌种。在当时，这一试管黄色的粉末比黄金还要贵重！樊庆笙觉得苦难的中国更需要它，回国前他四处奔波，向美国医药助华会求助，终于成功搜集到研制青霉素的仪器、设备、试剂和溶剂，并设法搞到了三支宝贵的菌种。1944年，国内第一批青霉素研制成功，并立即被投放到抗战前线。

使用青霉素的注意事项

使用青霉素前必须做皮肤过敏试验。如果发生过敏性休克，应立即皮下或肌内注射肾上腺素。注射完青霉素，至少在医院观察20分钟，无不适感才可离开。

不要在极度饥饿时使用青霉素，以防空腹时机体对药物耐受性降低，诱发晕针等不良反应。两次注射时间不要相隔太近，以4~6小时为好。

快乐一读

天降神兵

1797年10月22日，巴黎蒙索公园的上空飘扬着一个巨大的热气球，引来很多游客围观。原来是一个叫加勒林的年轻人要进行跳伞试验，他使用的降落伞有肋状物支撑，收拢起来就像现在的阳伞。

这次跳伞是由氢气球带到高空，按照加勒林的要求，一直上升到约300英尺，然后加勒林突然砍断系绳，将气球放走。吊篮脱离气球后，朝地面急速坠落。人群中发出一片惊叫。正当人们为他的生命担忧之际，突然连在吊篮上的一块白色大帆布磨菇般地张开，载着加勒林摇摇摆摆地向地面坠落。降落伞摆动得很厉害，站在小篮子里的加内林在着陆时头晕目眩，恶心呕吐。

　　这一次跳伞，开创了人类自天而降的历史，是一次伟大的壮举。人类有史以来，第一具载人降落伞就此诞生。

　　随着航空事业的发展，人们已不再满足于乘气球跳伞。飞机问世后，为了飞行人员在飞机失事时救生，降落伞又有了进一步改进，1911年出现了能够将伞衣、伞绳等折叠包装起来放置在机舱内，适于飞行人员使用的降落伞，这种降落伞于1914年开始装备给轰炸机的空勤人员。此后，随着运输机的出现，降落伞得到进一步改进，逐步为军队广泛使用，从而产生了空降兵这一新的兵种,带来了空降作战这一新的作战样式。

你知道吗？

降落伞的发明起源于哪呢？

　　中国是原始降落伞的发源地。据司马迁所著《史记》记载，舜为了从烈火熊熊的粮仓上逃命，情急生智，抓住两个遮阳的斗笠从仓顶跳下，安全落地。可见，早在公元前2000年左右，我国就已经有人懂得利用斗笠所承受的空气阻力来减小降落速度。公元1306年前后，在元朝的一位皇帝登基大典中，宫廷里表演了这样一个节目：杂技艺人用纸质巨伞，从很高的墙上飞跃而下，由于利用了空气阻力的原理，艺人飘然落地，安全无恙。这可以说是最早的跳伞实践了。

快乐一读

降落伞的用途

用于应急救生，在飞机失事时拯救飞行员的性命；

用于保持飞机弹射椅的姿态稳定，空中加油机的加油器稳定；

用于飞机着陆时的减速。降落伞能使飞机着陆滑行由 2000 多米缩短至 800~900 米；

用于飞机器的空中回收，诸如无人驾驶飞机、试验导弹的回收等。

用于伞兵空降，以及各种物资和武器的空投。

危险的试验

1862 年，瑞典人诺贝尔和他的父亲及弟弟共同研究出硝化甘油的安全生产方法，并投入到炸药生产中。

当时，欧洲许多国家正处于工业革命的高潮，矿山开发、河道挖掘、铁路修建等工程都需要大量烈性炸药，硝化甘油炸药受到了广泛的欢迎。但是好景不长，由于人们对炸药的运输和使用认识不足，致使爆炸事故屡次发生。于是各国先后下令禁止运输诺贝尔的炸药。

在严峻的考验面前，诺贝尔没有吓倒和退缩，开始全力以赴研究安全炸药。他感到，需要找到一种配料来吸收硝化甘油以制成固体炸药，才能保证运输安全。

1867 年的一天，诺贝尔助手们把刚从工厂拉来的硝化甘油从湖岸往实验船上搬运。他们在运输前先把硝化甘油装在一个个铁盒子里，然后把铁盒子摆放在木箱子里，并塞满硅藻土防止晃动。运输途中的颠簸仍然使一个盒子破漏了，流出来的硝化甘油却全部被下面的硅藻土吸入。这让诺贝尔茅塞顿开，为什么不用硅藻土作炸药的配料呢？

　　经过大量实验，他把硅藻土和硝化甘油二者的比例确定为1：2，制成了被称为黄色炸药的安全炸药。大量投产后，用户使用时一直未发生过事故。

　　这项有时代意义的重大发明使诺贝尔重新获得了荣誉，他被称为"现代炸药之父"。

你知道吗？

炸药的发明起源于哪里呢？

　　9世纪初，最早的炸药——黑色火药，由中国练丹师们发明。10世纪，中国古代首先将火药用于军事。后来火药由蒙古人和阿拉伯人传入欧洲。直至19世纪，黑色炸药一直是世界上唯一的爆炸材料。18世纪以后，化学作为一门科学有了迅速的发展，为炸药原料的来源、合成及制备提供了条件。许多化学家致力于研制性能更好、威力更大的爆炸材料，使各种新型炸药接连涌现。

快乐一读

诺贝尔奖的创立

1895 年，诺贝尔在遗嘱中提出，将部分遗产（920 万美元）作为基金，以其利息分设物理、化学、生理或医学、文学及和平（后添加了"经济"奖）五项奖金，授予世界各国在这些领域对人类作出重大贡献的学者。这就是享誉世界的诺贝尔奖。为了纪念这位对人类进步和文明作出过重大贡献的科学家，在 1901 年第一次颁奖时，人们选择在诺贝尔逝世的时刻下午四点半举行仪式。这一有特殊意义的做法一直沿袭到现在。

镭的发现

1898年，居里夫妇根据大量的实验事实宣布，"镭"是除"钋"之外的第二种放射性元素。但是这两种元素都必须从沥青铀矿中提取出来才能证明这个结论。

居里夫妇是一对经济相当拮据的知识分子，他们无力支付购买沥青铀矿所需的高昂费用。但他们没有被眼前的这只"拦路虎"所吓倒，他们几乎想尽了各种各样的办法。

经过无数次的周折，奥地利政府决定，先捐赠1吨重的残矿渣给居里夫妇，并且许诺，如果他们将来还需要大量的矿渣，可以在最优惠的条件下供应给他们。

一天凌晨，太阳刚刚升起来，一辆载重马车停在了居里夫妇的家门口。居里夫人高兴极了，她急急忙忙地用刀割断绳子，一把扯开那些粗布口袋，把一双纤纤细手深深地插进那棕色矿物中，她一定要从中提炼出镭来。

居里夫人立即投入了繁重的提取工作中去，她每次把20多千克的废矿渣放入冶炼锅里加热熔化，连续几个小时不间断地用一根粗大的铁棍搅动沸腾的渣液，而后从中提取仅含

百万分之一的微量物质。经过无数次的提取，处理了几十吨矿石残渣，终于得到了 0.1 克的镭盐，并测定出了它的原子量是225。

镭终于横空出世了！

镭的发现在科学界爆发了一次真正的革命，1903 年，居里夫妇因此双双获得了诺贝尔物理学奖。

你知道吗？

放射性元素指的是什么呢？

放射性物质能够自发地从原子核内部放出粒子或射线，同时释放出能量，这种现象叫做放射性，这一过程叫做放射性衰变。某些物质的原子核能发生衰变，放出我们肉眼看不见也感觉不到的射线，只能用专门的仪器才能探测到。放射性元素是具有放射性的元素的统称。

含有放射性元素（如铀、钋、镭等）的矿物叫做放射性矿物。

快乐一读

镭是天然放射性物质，它的形体是有光泽的、象细盐一样的白色结晶。

镭是现代核工业兴起前最重要的放射性物质，广泛应用于医疗、工业和科研领域。镭及其衰变产物发射的射线，能破坏人体内的恶性组织，因此镭针可治癌症。把镭盐和荧光粉混合后，可制成永久性发光材料，涂在钟表和各种仪表上，可在暗处发光，是为夜光表。工业上用镭作射线源，用于对金属材料的内部裂缝和缺陷进行无损伤检验。到1975年为止，全世界共生产了约4千克镭，其中85%用于医疗，10%用来制造发光粉。

"垃圾"造出原子弹

1940年8月，德国开始对英国城市进行密集突击。1941年12月7日，日本偷袭珍珠港，太平洋战争爆发。第二次世界大战的战火越烧越旺。

1943年8月，英美两国总统丘吉尔与罗斯福达成协议：为躲避德军轰炸机的空袭，两国科学家一起研制原子弹。

制造原子弹需要大量的核燃料铀235，这是从天然铀矿中提取的。

而当时的英美两国，都没有铀矿可用。情急之下，秘密参与原子弹研制的加拿大，提供了一个让人激动的消息：加拿大有铀矿。

美国急忙派人去加拿大，结果让人哭笑不得：制造原子弹急需的铀矿石，竟被加拿大当作没用的垃圾，随便丢在野外。

20世纪30年代，加拿大一家企业在安大略省霍普港地区建造了一家提炼厂，专门从来自大熊湖的矿石中提炼镭。工厂提完了镭，剩下的铀矿石留着没用，便将其丢弃在霍普港周围的荒地里。

美国人惊奇地发现，堆在地上的"垃圾"铀矿石数量很大，

真是"踏破铁鞋无觅处,得来全不费功夫"。就这样,加拿大的"垃圾"被美国当做宝贝,秘密运往原子弹研制基地。

有了加拿大的"垃圾",世界上第一颗原子弹的研制取得了重大进展。

直到原子弹在长崎炸响,美国有关部门才告诉加拿大:大熊湖的铀矿石,为世界首个原子弹的研制发挥了重要作用。

你知道吗?

中国的"原子弹之父"是谁呢?

邓稼先是中国核武器研制与发展的主要组织者、领导者,于1950年获美国物理学博士学位,同年回国,并被分派到中国科学院工作。在没有资料,缺乏试验条件的情况下,邓稼先挑起了探索原子弹理论的重任。他带领大家刻苦学习理论,靠自己的力量搞尖端科学研究,终于完成了两弹升空的创举,被誉为"原子弹之父"、"两弹元勋"。

快乐一读

恐怖的蘑菇云

　　1945年8月6日，美军在日本广岛投下一枚名为"小男孩"的原子弹，爆炸的巨响在160千米以外都可听到，高大的蘑菇云上升到10668米高空，导致广岛67%的建筑被摧毁或损坏，当时伤亡竟达144000人。8月9日，另一枚名为"胖子"的原子弹在日本长崎爆炸，导致13298人遇难，30000人受伤。面对这史无前例的毁灭性的打击，日本天皇不得不宣布无条件投降。可见，原子弹自其诞生之日起就显示出无与伦比的巨大威力。

神勇的机枪破坏器

第一次世界大战初期，一个英国工业家发明了一种武器。它是一个能活动的装甲堡垒，不怕机枪的扫射，并能越堑过沟，冲破敌人障碍。在掩护步兵冲锋的同时，还能向敌人发射火力，因而人们把这种武器，称为"机枪破坏器"。

这件事被当时的海军大臣邱吉尔知道后，暗地里筹集资金，搜集武器方面的资料，以后，又经过多次改进，终于到 1916 年 8 月，制造出 48 辆"机枪破坏器"。当时为了保密，英国将这种新式武器说成是为前线送水的"水箱"（英文"tank"），结果这一名称被沿用至今，"坦克"就是这个单词的音译。

1916 年 9 月 15 日，英法联军与德国在法国的索姆河一带激战。突然，英军出动了 11 辆黑黝黝的钢铁怪物，以每小时 6 千米的速度轰隆隆的向德军阵地冲去，德军吓得惊惶失措，

急忙用枪射击。

"当、当、当!"机枪子弹在坦克外表撞出阵阵火花,而坦克仍然隆隆前行,吓得德军纷纷逃跑。

这时,一辆坦克爬进了一个村庄,面对这庞大的钢铁怪物,德军惊恐不已,纷纷逃离据点,就这样,一个村庄就被这辆坦克占领了。

在这次战役中,英军大获全胜。

从此,人们对这种能攻善守的武器,产生了浓厚的兴趣。

你知道吗?

坦克的鼻祖起源于哪里呢?

乘车战斗的历史,可以追溯到古代,中国早在夏代就有了从狩猎用的田车演变而来的马拉战车。在周武王灭商的牧野之战中,就动用了三百乘战车。到了春秋时期,战车发展到鼎盛阶段,千乘之国已不稀罕。明朝戚继光等人发明的战车更是进一步将火器搬到了运载工具上,初步实现了防护、火力、机动三位一体,是历史上最接近坦克概念的武器,可以说是坦克的鼻祖。

快乐一读

坦克的展望

坦克仍然是未来地面作战的重要突击兵器，许多国家正依据各自的作战思想，积极地利用现代科学技术的最新成就，发展 21 世纪初使用的新型主战坦克。坦克的总体结构可能有突破性的变化，出现如外置火炮式、无人炮塔式等布置形式。各国在研制中，十分重视减轻坦克重量，减小形体尺寸，控制费用增长。可以预料，新型主战坦克的摧毁力、生存力和适应性将有较大幅度的提高。这也是坦克未来的发展方向。

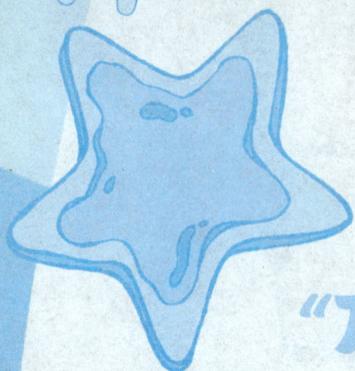

"万能"的凡士林

1859年，美国药剂师切泽布罗到宾州新发现的油田去参观。他在那里看见石油工人非常反感"杆蜡"（抽油杆上所结的蜡垢），因为工人必须不时将它们从杆上清除。可是，工人们虽抱怨，却喜欢收集这种黑糊糊的东西，据说把它抹在受伤的皮肤上，能加快伤口愈合的速度。切斯博罗好奇心起，收集了一些杆蜡，带回家去研究。

经过试验，切泽布罗找到了提纯它的方法，最后得到了一种无色透明的胶状物质，无臭无味，不溶于水，所有常见的化学物质都不会和它起化学反应。他故意在自己的腿上割了一刀，然后把这玩意儿涂了上去，结果伤口很快愈合了。

那时大部分药膏都用动物脂肪和植物油制造，日久便会腐坏。切泽布罗推想，如果把这种不会腐坏变臭的物质制成油膏，那将会成为大量需求的产品。1870年他完成了研究工作，建立了第一座制造这种油膏的工厂，并将产品命名为"凡士林"。

今天，凡士林行销140多个国家，消费者找出了几千种方法使用它。渔民把成团的凡士林放在钓钩上当饵，妇女用它擦

去眼皮上的化妆品。

切泽布罗 1933 年逝世，他对自己能活到 96 岁并不感到惊讶。他生病之时，从头到脚都涂上了这种凡士林，他说他的长寿完全得益于此。

你知道吗？

凡士林是万能的吗？

凡士林是在石油中提炼出来的油脂状产品，是由石油的残油经硫酸和白土精制而得。

科学家对凡士林进行了仔细研究，发现其实凡士林里除了碳氢化合物之外，一无所有。但它不亲水，涂抹在皮肤上可以保持皮肤湿润，使伤口部位的皮肤组织保持最佳状态，加速了皮肤自身的修复能力。另外，凡士林并没有杀菌能力，它只不过阻挡了来自空气中的细菌和皮肤接触，从而降低了感染的可能性。

快乐一读

巧用凡士林

鼻子流血的人可以把凡士林涂在鼻孔内壁，这样可以阻止继续出血。凡士林能防止溃疡接触口腔内的酸性物质，加速溃疡的愈合。

把凡士林薄薄地涂在相机镜头上，可以制造出柔焦效果般的朦胧美。在两个磨砂玻璃器皿的缝隙间涂上凡士林，玻璃就不会互相咬死以致卡住。

把凡士林在电缆与接线盒之间涂抹，可以起到润滑作用。把凡士林涂在汽车的电池线头上可以防腐。

紫色的"毒药"

　　一家法国化妆品公司由于经营不善、产品老化，濒于绝境。

　　就在公司将要宣布破产的前几天，几个工程师滞留在实验室里喝酒解闷。其间，一位中年工程师带着醉意走向实验台，把几种绝对不相容的香精倒入了一只干净的试管，随手摔在地板上。顿时一股古怪的香气在实验室里弥漫开来，起初令人感到不适，旋即却变成一种勾人心魄的奇香，压过了空气中别的气味。

　　一出恶作剧造就了一种奇特的香水。几个工程师欣喜若狂，立刻重新配制了一瓶去找老板。心灰意冷的老板，仿佛抓住了起死回生的良药，当即拍板试制，并召集他们一起研究新产品的生产、包装和推销等问题。最后，他们决定给新香水配上紫色，这种颜色在西方文化中象征死亡、幽灵和恶梦，并起名为"毒药"，象征这种如梦如幻的神秘感觉。

　　他们为产品设计的宣传广告也颇为奇特：电视屏幕上，彩印报纸和杂志封面中出现了无数怪异的紫色，连续不断的"毒药"飞入都市人们的眼睛，灌进他们的耳朵……

　　"毒药"取得了空前的成功，成为炙手可热的商品，更成为欧洲男人赠送情人的佳品，甚至所有离任的驻法外交官在归国时，都不会忘记在机场的免税商店给自己的家人捎回去一瓶紫色的"毒药"。

你知道吗？

香水最早起源于哪呢？

香水最早起源于埃及、印度、罗马、希腊、波斯等文明古国，又称香料。香料最原始的用途就是酬神上供。古埃及的大型宗教祭祀典礼活动中，香料用于宗教仪式上，如洗礼。每到黄昏，他们便会献出一种由16种香料做成的"贡品"献给上帝。很快，埃及人又认识到香水所具有的药用功效，于是这些香料香膏又被用于尸体的防腐处理上。人类历史上最早的香水就是埃及人发明的"可菲神香"。

快乐一读

香水使用禁忌

香水不要洒在易被太阳晒到的暴露部位。日光中的长波紫外线会与皮肤上喷洒的这些化学物质相结合,出现光化学反应,最后导致脸上出现皮肤炎症和点状黑斑。

香水不宜总是直接洒在皮肤上,皮肤若长期受酒精的刺激可能会产生过敏现象。

香水不宜涂在额上、腋下和鞋内等易出汗的部位。这些部位汗液多,易将香水冲淡。

香水不宜喷洒在毛皮、黄金和珍珠等服饰品上,因为香水会使它们失去天然光泽。

穿透万物的雷达

1935 年 1 月，英国皇家无线电研究所所长沃特森，奉英国政府的命令，研制一种可探测远距离飞机的装置。

沃特森深知自己肩上的重任，他不敢有丝毫的怠慢，立即投入到研制中去。

有一天，沃特森正调试仪器，观测荧光屏上的图像时，突然发现图像中出现一连串亮点。"这亮点是哪来的？"沃特森奇怪地问道。大家都围过来，观看这串亮点。可谁也说不清楚这是为什么。"噢，对了，肯定是那边那个大楼在作怪。"沃特森突然拍着自己的脑袋说。于是，大家立即七手八脚地把有关仪器搬到离大楼较远的地方。插上电源，一切按原来的方法操作，结果荧光屏上的亮点不见了。沃特森高兴极了，这意味

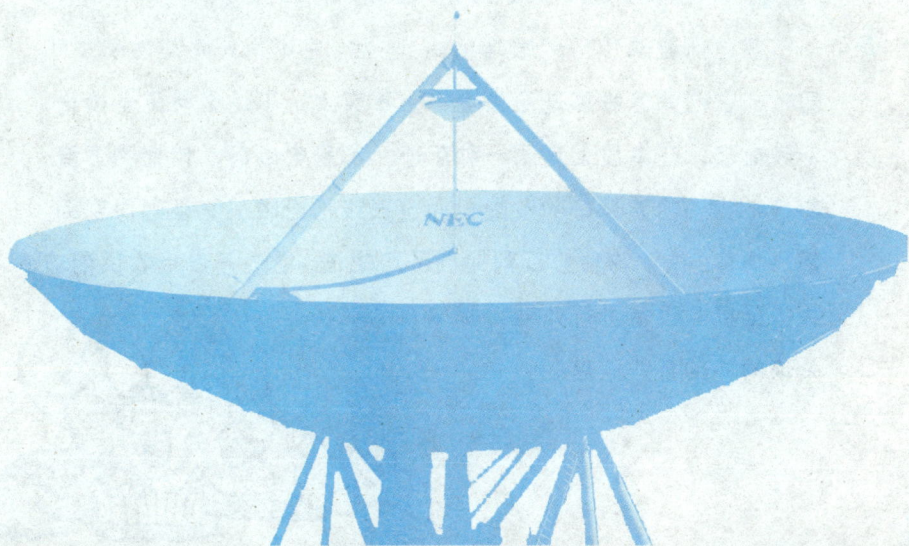

着他的试验设想可行，这仪器已能接受到被障碍物反射回来的无线电波信号了。

接着，沃特森和大家一起，试制了一台电波发射和接受能力更强的装置。

1935 年 2 月 26 日，沃特森将他制成的装置装在载重汽车上进行试验。同时，命令试验飞机向载重汽车所在的地点飞来。结果，当飞机飞到距载重汽车 12 千米处时，这个装置接收到了回波信号。

"我们终于成功了！"沃特森和大家一起欢呼雀跃。

这就是历史上第一台雷达，它在二战中发挥了巨大的作用，帮助盟军赢得了胜利。

你知道吗？

雷达的工作原理是什么呢？

雷达所起的作用和眼睛相似，当然，它不再是大自然的杰作，同时，它的信息载体是无线电波。事实上，不论是可见光或是无线电波，在本质上是同一种东西，都是电磁波，传播的速度都是光速。雷达设备的发射机通过天线把电磁波能量射向空间某一物体，这个物体会反射碰到的电磁波，雷达天线接收反射波，并送至接收设备进行处理，提取有关该物体的某些信息。

快乐一读

雷达的用途

雷达的优点是白天黑夜均能探测远距离的目标，且不受雾、云和雨的阻挡，具有全天候、全天时的特点，并有一定的穿透能力。因此，它不仅成为军事上必不可少的电子装备，而且广泛应用于社会经济发展（如气象预报、资源探测、环境监测等）和科学研究（天体研究、大气物理、电离层结构研究等）。另外，雷达在洪水监测、海冰监测、土壤湿度调查、森林资源清查、地质调查等方面显示了很好的应用潜力。

谁为信件买单

1838 年的某日，一辆邮政马车停在英国的一个小村庄，车上跳下一位邮差，他嘴里不停地喊道："爱丽斯·布朗，快来取信。"一位秀丽的姑娘应声推开门，接过信，看了看，便把信退还给邮差："对不起，我付不起邮资，请把信退回去吧！""哪有这样的道理！信都送到你手里了却不付钱。"邮差心怀不满地说。

路过这里的数学家罗兰·希尔听到说话声，于是驻足观望。他问清事情的原委，便替姑娘付了邮资。姑娘拿到信，对罗兰·希尔说："先生，谢谢你！不过这个信封我也不用拆开了，它里面没有信。""为什么？""因为我家里穷，没有钱，付不起昂贵的邮资。我和未婚夫事先约定，在他寄来的信封上，画个圆圈，表示他身体安康，一切如意。这样，我就不用取信了。"

希尔听了布朗的回答，决意要拟定一个科学的邮政收费办法。经过反复思考，他提出由寄信人购买一种"凭证"，然后将"凭证"贴在信封上，表示邮资已付。1839 年，英国财政部采纳了希尔的建议，并经维多利亚女王批准公布。

1840 年 5 月 6 日，英国邮政管理局发行了世界上第一枚邮票。邮票上印着英国维多利亚女王侧面浮雕像。它选用带水印的纸张印刷，涂有背胶，并标有"邮政"字样。它的面值是 1 便士且用黑色油墨印刷，因此被人们通称为"黑便士邮票"。

你知道吗？

中国最早的邮票诞生于哪一年？

据《中国邮票鉴赏全书》记载：中国历史上的第一套邮票诞生于清光绪四年（1878 年），距今已有 120 多年的历史。1878 年，清朝政府在北京、天津、上海、烟台和牛庄等五处设立邮政机构，附属于海关。上海海关造册处当年即印制以龙为图案的一套 3 枚邮票发行，邮票图案正中绘一条五爪金龙，衬以云彩水浪。这是我国首次发行的邮票，集邮界习惯称为"海关大龙"，简称"大龙邮票"。

快乐一读

新式邮票

自 2002 年起，德国的用户可以通过一种软件在互联网上下载并打印邮票。

2003 年，荷兰和芬兰邮政引入一些可以由用户自己设计的邮票。他们可以将相片、图片或者是商标导入到模板中付印。

瑞士在 9 月 6 日发行了 4 张印有手机照片的邮票，所有瑞士公民都可提供这些手机照片。

奥地利在 1988 年引入了全息照片邮票。但该技术花费甚高，所以并未成为主流。

糙米的价值

19 世纪末，在东南亚以大米为主食的地区，居民们长期受着"脚气病"的折磨。患这种病的人会觉得身体疲乏、手脚无力，最后导致死亡。人们认为"脚气病"是由某种细菌造成的。

1886 年，年轻的荷兰军医艾克曼特地前往东印度群岛，试图找到这种细菌。结果他失败了。他找不出一种脚气病患者独有而正常人身上没有的细菌。

1896 年，医院里养的一些鸡得了一种叫做"多发性神经炎"的病，发病的症状和人患脚气病时的表现相同。艾克曼认为：只要能找到使鸡感染上多发性神经炎的细菌，也就找到了脚气病的致病菌。奇怪的是：正当他在鸡身上查找细菌的时候，所有的鸡忽然一下子都好了。这是怎么回事呢？经调查发现，这是因为鸡的饲料变了，由病人吃剩的白米饭换成了更廉价的糙米。于是他推测白米的谷粒中含有毒素，而糙米中有某种可以解毒的物质。而另一位荷兰生理学家戈里特则认为，问题在于糙米含有某种人体和鸡所必需的物质，而白米缺乏这种物质，即脚气病是一种营养缺乏症。

在这种思路的指导下，波兰生物学家卡西米尔发现：抗脚

气病物质是一种"胺"，且是溶于水的。他由此推测，有一系列维持生命和健康所必需的胺。他把这些物质命名为"维他命"，并一直沿用至今。这就是最早被发现的维生素。

你知道吗？

维生素是一种药吗？

维生素是人体的七大营养素之一，现在已经发现的维生素有 20 多种。它们都是维持人体组织细胞正常功能必不可少的物质。因此，许多人把维生素当作一种"补药"，认为维生素多多益善。其实不然，盲目使用维生素，必然会使维生素走向其反面用——危害健康。例如，滥用维生素E对身体不仅无益，而且会减少生命，与降胆固醇药相冲突。因此，食用新鲜蔬菜和水果是最简单而安全的补充维生素的方法，千万不要长期大剂量服用维生素保健品。

快乐一读

抗癌维生素荟萃

维生素A能阻止和抑制癌细胞的增生，对预防胃肠道癌和前列腺癌效果尤其显著。

B族维生素可以抑制癌细胞生成，还能帮助合成人体内一些重要的酶，调节体内代谢。

维生素C可以减少致癌物质亚硝胺在体内聚集，极大地降低食管癌和胃癌的发病率。

多吃含维生素E的食物，可以提高身体免疫能力，抑制致癌物形成。

我为钢琴狂

1802 年，贝多芬迁到离维也纳不远的一个宁静村庄潜心作曲，他在那里完成了第二号交响曲。然而不幸的命运降临到他身上，他的耳疾逐步恶化，听力正慢慢丧失。很快，他就无法听到任何声音了。贝多芬感到痛苦万分，对一个年轻的钢琴家来说，这意味着，他的希望和梦想全部破碎了。

在无尽的黑暗和迷茫中，他唯一的排遣就是不知疲倦地弹奏钢琴。

有一天，他发现：如果把小木棍的一头衔在嘴里，另一头放在钢琴的共鸣版上，他就能感觉到琴键的震动。这样，就相当于他能听见琴声。这时候，有人走进来，看到这位音乐大师在以这种奇怪

的方式作曲，问道："贝多芬，你在干什么啊？"贝多芬抬起头，眼睛里闪烁着炙热的光芒，挥动着手指说："如果上帝不辞辛苦地把音乐注入我的灵魂，那么，对我来说，把音乐带给全世界的人，不是一个很难的问题。"

对音乐和钢琴的狂热，让贝多芬找到了继续活下去的毅力和勇气。

23年后，在他53岁时，他创作了包括《欢乐颂》在内的九章交响曲。没有哪一个音乐比《欢乐颂》更强烈地表达了对生命的热爱，没有哪一个乐曲更能激起全世界人的共鸣。在慷慨激昂的《命运交响曲》里，我们听到了他和命运做斗争的坚强的生命之音。

快乐一读

钢琴的起源

钢琴的起源，最早可追溯到古埃及与古希腊的"弦什"（一弦琴）。将弦什的琴弦不断增加，逐渐形成了两种多弦乐器。一种是以手指拨动琴弦发音，另一种是以手指拨动琴键，使装置于键尾的小槌击弦发音。这两种乐器都是现代钢琴的鼻祖，故统称之为古钢琴。

现代钢琴发源于欧洲。1710 年，意大利人克里斯托弗里在佛罗伦萨制造出来世界上第一台钢琴，距今已有 300 多年的历史。这是一种键盘乐器，用键拉动琴槌以敲打琴弦。

让食物不再腐烂

军队打仗必须要有充足的食品供应。但是过去没有科学的保藏方法，军队携带的肉类、蔬菜和水果常常大批发臭、腐烂，造成食物的浪费和短缺。

1795 年，拿破仑悬赏 12000 法朗征求军用食品的新鲜保存法。

有一个年轻人叫亚培尔，他看到这张布告后，便开始对蔬菜和水果进行研究。他把蔬菜分成几份，以他能想到的方式分别保存，可过了几天，蔬菜全烂掉了。有一天，亚培尔发现妻子把当天吃剩的菜又重新煮了一次。亚培尔大受启发。他想，要是把食物煮沸后再

密封起来，保存的时候会不会更长一些呢？于是，亚培尔就把新鲜蔬菜放进玻璃瓶中，敞开口放在水中煮沸，然后，用软木塞将瓶口塞紧，四周用蜡封严。亚培尔用粗麻布把玻璃瓶裹得严严实实，并把它放在常温下保存。

两个月过去了，亚培尔和妻子打开了那个宝贝玻璃瓶，倒出了食物闻了闻，又各尝了一口，味道非常不错。亚培尔和妻子高兴得跳了起来，历史上的第一盒罐头就这样出现了。

1810 年，英国的杜兰德发明了一种马口铁皮罐，是将铸造的薄铁皮表面镀上一层锡，以保护铁皮，避免它与食物起任何作用，从而使这种保存食品的方法得到了进一步的改进和推广。1864 年，法国的巴斯德发现食物的腐败是由微生物引起的，从而阐明了罐藏的原理，并科学的制定出罐头生产工艺。从此，罐头食品走进了千家万户。

快乐一读

罐头选购须知

在选购罐头食品时，发现有膨胀、弹性罐或凹罐等情况，就不要购买，这类罐头食品可能已经受到微生物作用或产生化学变化，而不适于食用了。

罐身有刮痕、接缝歪曲的罐头，最好不要购买。罐头生锈可能造成罐头穿孔，微生物很容易进入，使食物腐败。

封口不紧密的罐头也不要购买。拿起罐头，轻轻摇一摇，若有汁液流出，则表示封口不紧密，微生物很容易进入，造成食物污染。

安全的剃刀

吉列是一名有经验的推销员，他每次会见客户前，总要修饰打扮一番。

有一次吉列在外地推销产品，早晨在旅馆的客房里自己剃胡须。天气太热，又急于出去找客户，他勉勉强强地刮好胡须时，下巴上已变得血肉模糊，惨不忍睹。原来当时的剃须刀是刀身和刀柄连在一起的，既笨重，又不锋利，刮脸费时费力，稍不留神就会刮破脸。由于刀身不能更换，要使剃须刀好使一些，只有频繁地磨刀。磨刀有两种办法，一是送到专业磨刀店里去研磨，费时又费钱；二是在刀布上来回磨。吉列不止一次地尝到剃须刀不顺手的苦处，因此在刮脸的时候，他常常会想，最好能有一种轻便、锋利、安全的剃须刀来代替这种老式剃须刀。这一次，他恶狠狠地扔掉剃刀，气愤地说：再也不用这种剃刀了！

吉列的这一番怨气，倒是提醒了自

己：我为什么不能来开发自己想要的剃刀呢？

于是，他立即买来锉刀、夹钳、薄钢片等工具和材料，关起门来细心地研究和构思。代替刀身的薄刀片可以"用完即扔"，但刀片必须能和刀柄分开。这样，刀片钝了可以更换，刀柄可以反复使用，剃须刀的成本也会降低。整整花费了 6 年时间，克服了种种困难，他终于研制出了一种既锋利又安全的廉价刀片，并成功地推向了市场。

你知道吗？

古代社会的人们用什么工具剃除毛发呢？

中国古代受"身体发肤，受之父母"的影响，不能剃发剃须。古埃及剃除毛发就很普遍。从考古学的证据看，古埃及人最初可能是用石头刮胡子的，后来变成用青铜刀具。古罗马后期，青铜类剃刀已经被铁或钢代替。欧洲中世纪时，理发、剃须的工作主要是在理发店完成，使用的是直柄剃刀。19 世纪，有人率先发明了像锄头一样的"T"形剃刀，成为现在剃须刀的前身。

快乐一读

剃刀大发战争财

一次偶然的机会，吉列从报纸上看见大胡子士兵在前线的照片，他灵机一动，以成本价格向美国部队供应安全剃刀，美其名曰"优待前方将士"，立即受到了生活艰苦的大兵们的欢迎。这项举措不仅大规模地增加了公司产品的销售量，更重要的是，这些士兵在部队里用惯了吉列的安全剃须刀后，会形成一种消费习惯，并影响周围的人，使用安全剃须刀的人会越来越多。这就是著名的"亏损营销模式"。从此，"吉列"刀片名扬四海，吉列建立了一个世界性的"剃刀王国"。

纤细的"钢铁"

1932 年夏季的一天，美国化学家卡罗萨斯像往常一样穿着白大褂早早地来到自己的实验室。细心的他注意到一根玻璃棒的尖端上粘有乳白色的细丝，这是上一次实验时未清洗掉的聚酰胺残渣形成的。这位科学家十分好奇地用力拉了拉这根细丝，发现它不但能够伸长，而且强度也很大。

这时候，卡罗萨斯的脑子里闪出一个念头：是不是可以把以前实验失败了的聚酰胺再加以利用呢？于是他将这种本来很有可能作废料处理的化合物重新拿出来加热，然后扯成细丝，看能否制造人造丝。1935 年，卡罗萨斯成功地将这一设想变成了现实，被称为"尼龙"的人造丝终于成功地发明出来了。这是世界上第一种合成纤维。

尼龙的出现使纺织品的面貌焕然一新。用这种纤维织成的尼龙丝袜既透明又比丝袜耐穿，人们曾用"像蛛丝一样细，像钢丝一样强，像绢丝一样美"的词句来赞誉这种纤维。

第二次世界大战期间，盟军使用尼龙制作降落伞，此外轮胎、帐篷、绳索等其他军事物资也用尼龙制造。它甚至被用来

制造印刷美国货币的纸。

由于尼龙的特性和广泛的用途，尼龙产品从丝袜、衣着到地毯、渔网等，以难以计数的方式出现，遍布世界各地。

你知道吗？

尼龙具有什么特性呢？

尼龙是世界上第一种完全人造的纤维，其原材料是煤、水和空气。

尼龙使织物柔软舒适，并且其良好的吸湿性可以平衡空气和身体之间的湿度差，从而减轻了身体的压力，具有调整效果。尼龙特别轻巧，极易保养。可以机洗，晾干时间比棉快三倍，只需微烫或免烫，不易变形，具有显著的抗皱能力。由于具有卓越的回弹性，使它可经拉伸后恢复到原来的状态。

尼龙的发展趋势

纳米尼龙的制造技术与应用将得到迅速发展。纳米尼龙的优点在于其热性能、力学性能、阻燃性、阻隔性比纯尼龙高，而制造成本与普通尼龙相当。因而，具有很大的竞争力。

用于电子、电气、电器的阻燃尼龙与日俱增，绿色阻燃尼龙越来越受到市场的重视。

抗静电、导电尼龙以及磁性尼龙将成为电子设备、矿山机械、纺织机械的首选材料。

加工助剂的研究与应用，将推动改进尼龙的功能化、高性能化的进程。

测测你的体温

一天，伽利略在给学生上试验课。他边操作边讲解，学生听得很入迷。他问学生："为什么随着温度升高水会在管内上升？""因为水温达到沸点时，体积增大，水就膨胀上升。水温冷却，体积缩小，又会降下来。"学生作出了正确的回答。

这个常识性的回答使伽利略冒出了一个灵感：水的温度发生变化，体积也随着变化；那么反过来，从水的体积变化，是不是也能测出温度的变化呢？

伽利略高兴得忘乎所以，竟不顾自己还在上课，马上回到办公室，根据热胀冷缩的原理着手做起试验来。他用手握住试管底部，让管内的空气渐渐变热，然后把试管的上端插入冷水中，松开握着的手，他发现，水在试管里慢慢吸上一截去；再握住试管，水又渐渐从试管里被压了下去。从水的上升与下降，已经看出温度的变化了。

后来，伽利略又做了多次改进，把一个很细很细的试管装上酒精，排出里面的空气，又密封住，并在试管上刻上了刻度，然后送给医生用，医生让病人握住试管，果然，酒精上升的刻度反映出了病人的体温。世界上第一个体温表试制成功了。

电脑很生气

1714 年，德国科学家华勒海特用水银代替酒精，由于水银在零下 39 摄氏度才开始凝固，350 摄氏度才开始气化，可扩大测量温度的范围。这就是我们现在常用的水银体温表。

你知道吗？

怎样正确使用体温表呢？

测体温前，先将体温表水银柱甩到 35 摄氏度以下，再用酒精棉球消毒体温表。

腋下测温法：先擦去腋窝的汗液，将表有水银柱的一端置于腋窝深处，屈臂过胸将之夹紧，10 分钟后取出。

口腔测温法：应在进食、喝水或吸烟后半小时进行。将表斜放于舌下，让病人紧闭口唇，牙齿不要咬合，3 分钟后取出。

看体温表数字时，应横持体温缓慢转动，取水平线位置观察水银柱所示温度刻度。体温表用完后用浓度 75% 的酒精消毒。

快乐一读

体温表的构造

体温表是一种水银温度计。它的上部是一根玻璃管，下端是一个玻璃泡。在泡里和管的下端装有纯净的水银，管上标有刻度。由于人体温度最高不超过 42 摄氏度，最低不低于 35 摄氏度，所以体温表的刻度是35 摄氏度 ~42 摄氏度，每个小格代表 0.1 摄氏度。在玻璃泡和细管相接的地方，有一段很细的缩口。当体温表离开人体后，水银变冷收缩，水银柱就在缩口处断开，上面的水银退不回来，所以体温表离开人体后还能继续显示人体温度。

让你的味蕾跳舞

1908 年的一天中午，日本化学教授池田菊苗坐到餐桌前。由于在上午完成了一个难度较高的实验，此刻他的心情特别舒畅。因此当妻子端上来一盘海带黄瓜汤时，池田一反往常的狼吞虎咽，竟有滋有味地慢慢品尝起来。

忽然他停止进餐，怔了一会，问妻子："今天这碗汤怎么这样鲜美？""只是一些常用的材料啊！"妻子回答道。池田教授又用小勺在汤碗中搅动几下，发现汤中只不过是几片海带和黄瓜。"这海带和黄瓜都是极普通的食物，怎么会产生这样的鲜味呢？"池田教授自言自语道，"嗯，也许海带里有奥妙！"

职业敏感使教授一离开饭桌，就钻进实验室里。他取来一

些海带，细细研究起来。

此后，教授对海带进行了详细的化学分析。经过半年时间，终于发现海带含有谷氨酸钠并提炼出此种物质。把极少量的谷氨酸钠加到汤里去，就能使味道鲜美至极。池田教授便将其定名为"味之素"，意为味道的元素。世界上最早的调味品味精产生了。

接着，池田教授还发明了用小麦、脱脂大豆为原料制造味精的方法，从而使原料来源更加丰富，生产更加广泛和普及。不久，味精便在全世界风行起来。

你知道吗？

中国的"味精大王"是谁呢？

日本人的"味之素"很快就传进了中国。这种奇妙的白色粉末引起了化学工程师吴蕴初的兴趣。经过一年多时间的化验研究，他独立发明出一种生产谷氨酸钠的方法来：他先用盐酸加压水解小麦麸皮，得到一种黑色的水解物谷氨酸，再把谷氨酸同氢氧化钠反应，加以浓缩、烘干，就得到了谷氨酸钠。他是世界上最早用水解法来生产味精的人。1923年，吴蕴初推出了中国的"味之素"——"佛手牌"味精。以后，佛手牌味精不仅畅销于中国市场，还打进了美国市场。吴蕴初也获得了一个"味精大王"的称号。

快乐一读

味精烹饪技巧

不要在滚烫的锅中加入，而要在菜肴快出锅时加入。因为谷氨酸钠在温度高于 120 摄氏度时，会变为焦点谷氨酸钠，食后对人体有害，且难以排出体外。

不宜在酸性食物中添加味精，如糖醋鱼、糖醋里脊等。味精呈碱性，在酸性食物中添加会引起化学反应，使菜肴走味。

高汤、鸡肉、鸡蛋、水产制出的菜肴中不用再放味精。

神奇的魔镜

一天深夜，16 岁的列文虎克被沙沙作响的声音吵醒了，原来隔壁眼镜作坊的工匠在磨制镜片。他望着一块块镜片，脑际突然浮现出一个奇怪的念头：如果能磨出一块特殊的镜片，让我们能看清许多用肉眼看不清、看不到的东西该多好哇！就是这样一个奇想，竟使他下定了磨制出一块"魔镜"的决心。

从此以后，列文虎克拜一位老工匠为师，虚心求教。闲暇时，这位老师傅给列文虎克讲了这样一件事：老师傅的孙子有一天偶尔将两块磨制好的透镜叠在一起，放在一张废纸上看上面的字，只见这些字比原来的大很多倍，老师傅马上拿过这两块镜片放在孙子头上看头发，突然发现头发像铁丝一样粗。老师傅讲的这件事引起列文虎克的极大兴趣，他发誓一定要磨制出比眼镜镜片更精制、用途更广泛的镜片。为了达到目的，他的手磨破了，腿跪麻了。有时，手指上的鲜血顺着磨破的伤口流淌，浸湿了镜片。

功夫不负有心人，他终于磨成了两

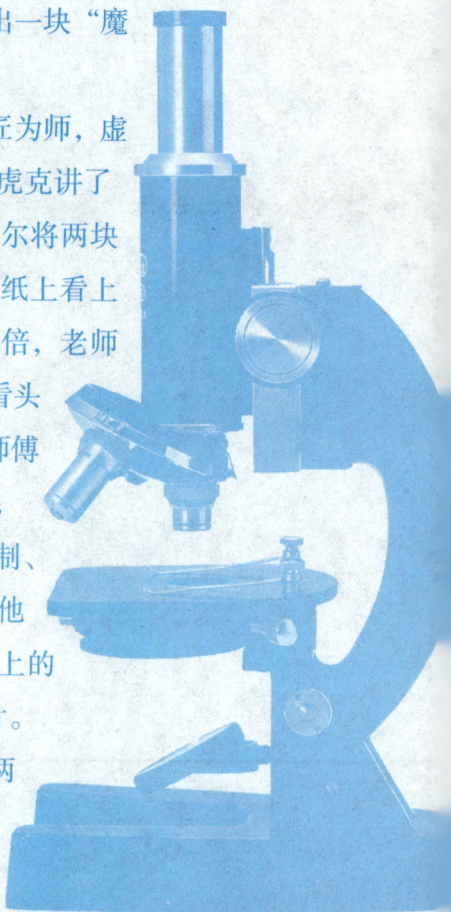

块光亮精巧的透镜。他将镜片叠起来看鸡毛，只见被放大了的绒毛像树枝一样排列着。接着，他让铁匠打制出一个铁架和一个铁筒，将镜片固定在镜筒的两头，然后再固定在铁架上，调整镜片的距离就可以改变放大的效果。

列文虎克的愿望终于实现了，世界上第一架显微镜诞生了！

你知道吗？

显微镜有哪些种类呢？

显微镜分光学显微镜和电子显微镜。光学显微镜可把物体放大 1500 倍，分辨的最小极限达 0.2 微米。主要有暗视野显微镜、荧光显微镜、超声波显微镜、解剖显微镜等。电子显微镜的最大放大倍率超过 300 万倍，分辨率约为 0.3 纳米（人眼的分辨本领约为 0.1 毫米）。电子显微镜的分辨本领虽已远胜于光学显微镜，但电子显微镜因需在真空条件下工作，所以很难观察活的生物，而且电子束的照射也会使生物样品受到辐照损伤。

快乐一读

显微镜的维护

显微镜内部的镜片由于不便擦拭，潮湿对其危害性更大。机械零件受潮后，容易生锈。为了防潮，存放显微镜时，除了选择干燥的房间外，存放地点也应离墙、离地、远离湿源。

光学元件表面落入灰尘，不仅影响光线通过，而且经光学系统放大后，会生成很大的污斑，影响观察。灰尘、砂粒落入机械部分，还会增加磨损，引起运动受阻，危害同样很大。因此，必须经常保持显微镜的清洁。

樱桃树下的畅想

美国马萨诸塞州的一个果园里，一个小男孩爬上了一棵高大的樱桃树，眺望着远方的田野。突然，他头脑中冒出一个念头：人要是能飞到星星上多好啊！怎样才能制造出飞上火星的装置呢？小男孩从樱桃树上爬下来，坐在树下沉思起来。他想象着有种机器在草地上飞快地旋转着，急速上升，飞向太空，飞向那遥远的未知的世界。

从果园回来后，小男孩似乎变成了另外一个人。父母发现他整天在学习数学和做科学小实验，即使卧病在床的时候，他也不放过一丁点儿时间。

他就是美国物理学家和火箭技术的先驱者——罗伯特·戈达德。

童年在果园的美丽梦想成了戈达德所有生活的支柱。1911年，29岁的戈达德在克拉克大学获理学博士学位，并在这所大学开始了火箭研制工作。

1926年3月16日的下午，在美国马萨诸塞州的田野上，戈达德在这里成功地发射了自己制作的第一枚火箭。他用液态氧和汽油为推进剂，并且携带了简单的仪器进行高空研究。

这枚火箭高约 1.2 米，直径约 15 厘米。火箭里的汽油和液氧混合燃料耗尽后，它仍在继续上升，上升高度是 60 米，时速100 千米左右。

世界上第一枚现代火箭升空了，戈拉德终于实现了年少时的梦想！

你知道吗？

火箭起源于哪呢？

关于"火箭"的记载最早出现在公元 3 世纪的三国时代，距今已有 1700 多年的历史了。当时在敌我双方的交战中，人们把一种头部带有易燃物、点燃后射向敌方、飞行时带火的箭叫做火箭。这是一种用来火攻的武器，实质上只不过是一种带"火"的箭，在含义上与我们现在所称的火箭相差甚远。到了宋代，人们把装有火药的筒绑在箭杆上，点燃引火线后射出去。这种向后喷火、利用反作用力助推的箭，已具有现代火箭的雏形，可以称之为原始的固体火箭。

快乐一读

火箭的用途

火箭是以热气流高速向后喷出，利用产生的反作用力向前运动的喷气推进装置。它自身携带燃烧剂与氧化剂，不依赖空气中的氧助燃，既可在大气中，又可在外层空间飞行。现代火箭可用作快速远距离运送工具，如作为探空、发射人造卫星、载人飞船、空间站的运载工具，以及其他飞行器的助推器等。如用于投送作战用的弹头，便构成火箭武器。其中可以制导的称为导弹，无制导的称为火箭弹。

创世纪的人造卫星

1957 年 10 月 4 日夜晚，在哈萨克大草原卫星发射基地上，到处弥漫着紧张、兴奋和忐忑的气氛。万籁俱寂，似乎在等待着一个新时代的到来。

在基地的中央，矗立着一枚巨大的两级火箭。在强烈的探照灯光照射下，它是那么的耀眼，就像一柄利剑，傲然指向神秘莫测的苍穹。

发射的时刻终于到来了。前苏联科学家科罗廖夫缓缓稳步向前，亲手点燃了导火线，然后迅速撤入掩蔽处。

最后 30 秒、20 秒、10 秒……

四周一片寂静，唯有导火线"哧哧"燃烧的声音，人们紧张得连大气也不敢喘。

5 秒、4 秒、3 秒、2 秒、1 秒！

"轰"的一声巨响，在耀如白昼的火光中，火箭冲天而起！

火箭载着世界第一颗人造地球卫星"斯普特尼克一号"，把这颗重 83.6 公斤，带有两个无线电发射机的铝合金小球送入了地球轨道。

当科罗廖夫和同伴们收到这个小球上发射回来的无线电波时，他们无比激动地大声欢呼："成功了！我们成功了！"科罗廖夫和同伴们紧紧地拥抱在一起。

经过艰苦卓绝的努力，科罗廖夫终于了却了夙愿，抢在美国之前将人造地球卫星送上太空。从此，浩瀚的太空增加了新的成员——人造天体，人类进入宇宙航行时代。

你知道吗？

人造卫星碎片会落到地球吗？

世界之大无奇不有。人被卫星碎片砸伤的几率是亿万分之一，这么小的几率竟然叫吴杰碰上了。2002 年 10 月 27 日上午 11 时，陕西省丹凤县竹村关镇阳河村的吴杰在院外玩耍，不幸被从天而降的卫星碎片砸昏在地，小脚趾骨折。村民们也在不同地方见到了 19 块从天上落下的金属碎片。专家说，砸伤他的是人造卫星升入轨道后脱落的金属外壳。

吴杰因此被收入《切尼斯中国纪录大全》，成为中国第一个被人造卫星碎片砸伤的人。

快乐一读

东方红一号

1970 年 4 月 24 日，中国第一颗人造地球卫星"东方红一号"在酒泉卫星发射中心成功发射，由此开创了中国航天史的新纪元，使中国成为继苏、美、法、日之后世界上第五个独立研制并发射人造地球卫星的国家。这颗卫星重 173 千克，由长征一号运载火箭送入近地点 441 千米、远地点 2368 千米、倾角 68.44 度的椭圆轨道。它测量了卫星工程参数和空间环境，并进行了轨道测控和《东方红》乐曲的播送。